青藏高原的
植　物

居·扎西桑俄　高煜芳　著

学苑出版社

图书在版编目（CIP）数据

青藏高原的植物 / 居·扎西桑俄，高煜芳著 . —北京：学苑出版社，2024.1

（中华冰雪文化图典 / 张小军主编）

ISBN 978-7-5077-6443-7

Ⅰ . ①青… Ⅱ . ①居… ②高… Ⅲ . ①青藏高原—野生植物—图集 Ⅳ . ① Q948.527-64

中国版本图书馆 CIP 数据核字（2022）第 120861 号

出 版 人：洪文雄
责任编辑：杨　雷　张敏娜
编　　辑：李熙辰　李欣霖
出版发行：学苑出版社
社　　址：北京市丰台区南方庄 2 号院 1 号楼
邮政编码：100079
网　　址：www.book001.com
电子邮箱：xueyuanpress@163.com
联系电话：010-67601101（营销部）、010-67603091（总编室）
印 刷 厂：中煤（北京）印务有限公司
开本尺寸：889 mm × 1194 mm　　1/16
印　　张：10
字　　数：135 千字
版　　次：2024 年 1 月第 1 版
印　　次：2024 年 1 月第 1 次印刷
定　　价：98.00 元

人类的冰雪纪年与文化之道（代序）

    人类在漫长的地球演化史上一直与冰雪世界为伍，创造了灿烂的冰雪文化。在新仙女木时期（Younger Dryas）结束的 1.15 万年前，气候明显回暖，欧亚大陆北方人口在东西方向和南北方向形成较大规模的迁徙。从地质年代上，可以说 1.1 万年前的全新世（Holocene）开启了一个气候较暖的冰雪纪年。然而，随着工业革命以来人类对自然环境的破坏，"人类世（The Anthropocene）"概念惨然出现，带来了又一个新的冰雪纪年——气候急剧变暖、冰雪世界面临崩陷。人类世的冰雪纪年与人类活动密切相关，英国科学家通过调查北极地区海冰融化的过程，预测北极海冰可能面临比以前想象更严峻的损失，最早在 2035 年将迎来无冰之夏。197 个国家于 2015 年通过了《巴黎协定》，目标是将 21 世纪全球气温升幅限制在 2℃以内。冰雪世界退化是人类的巨大灾难，包括大片土地和城市被淹没，瘟疫、污染等灾害大量出现，粮食危机和土壤退化带来生灵涂炭。因此，维护世界的冰雪生态，保护人类的冰雪家园，正在成为全世界的共识。

    中华大地拥有世界上最为丰富的冰雪地理形态分布，中华冰雪文化承载了几千年来博大精深的优秀传统文化，蕴含着人类冰雪文化基因图谱。在人类辉煌的冰雪文明中，中华冰雪文化是生态和谐的典范。文化生态文明的核心价值是人类与自然之间的文化多样性共生、文化尊重与包容。探讨中华冰雪文化的思想精髓和人文精神，乃是冰雪文化研究的宗旨与追求。《中华冰雪文化图典》是第一次系统研究中华冰雪文化的成果，分为中华冰雪历史文化、雪域生态文化和冰雪动植物文化三个主题共 15 本著作。

一

中华冰雪历史文化包括古代北方的冰雪文化、明清时期的冰雪文化、民国时期的冰雪文化、冰雪体育文化和中华冰雪诗画。

古代北方冰雪文化的有据可考时在旧石器时代晚期到新石器时代前期。在贝加尔湖到阿尔泰山的欧亚大陆地区，曾发现多处描绘冰雪狩猎的岩画。在青藏地区以及长白山和松花江流域等东北亚地区，也发现了许多这个时期表现自然崇拜和动植物生产的岩画。考古学家曾在阿勒泰市发现了一幅约 1 万年前的滑雪岩画，表明阿勒泰地区是古代欧亚大陆冰雪文化的重要起源地之一。关于古代冰雪狩猎文化，《山海经·海内经》早有记载，且见于《史记》《三国志》《北史》《通典》《隋书》《元一统志》等许多古籍。古代游牧冰雪文化在新疆的阿尔泰山、天山、喀喇昆仑山三大山脉和准噶尔、塔里木两大盆地尤为灿烂。丰富的冰雪融水和山地植被垂直带形成了可供四季游牧的山地牧场，孕育了包括喀什、和田、楼兰、龟兹等 20 多个绿洲。古代冰雪文化特有的地缘文明还形成了丝绸之路和多民族交流的东西和南北通道。

明清时期冰雪文化的特点之一是国家的冰雪文化活动，特别是宫廷冰嬉，逐渐发展为国家盛典。乾隆曾作《后哨鹿赋》，认为冰嬉、哨鹿和庆隆舞三者"皆国家旧俗遗风，可以垂示万世"。冰嬉规制进入"礼典"则说明其在礼乐制度中占有重要位置。乾隆还专为冰嬉盛典创作了《御制冰嬉赋》，将冰嬉归为"国俗大观"，命宫廷画师将冰嬉盛典绘成《冰嬉图》长卷。面对康乾盛世后期的帝国衰落，如何应对西方冲击，重振国运，成为国俗运动的动力。然而，随着国运日衰，冰嬉盛典终在光绪年间寿终正寝，飞驰的冰刀最终无法挽救停滞的帝国。

民国时期的冰雪文化发生在中国社会的巨大转型之下，尤其体现在近代民族主义、大众文化、妇女解放和日常生活之中。一些文章中透出滑冰乃"国俗""国粹"之民族优越感，另一类滑冰的民族主义叙事便是"为国溜冰！溜冰抗日！"使我们看到冰雪文化成为一种建构民族国家的文化元素。与之不同，在大众文化领域，则是东西方文化非冲突的互融。如北平的冰上化装舞会等冰雪文化作为一种日常生活的文化实践，在东方与西方、传统与现代、精英与百姓、国家与民众的文化并接过程中扮演了重要的角色，形成了中西交融、雅俗共赏、官民同享的文化转型特点。

近代中国社会经历了殖民之痛，一直寻求着现代化的立国之路。新文化运动后，舶来的"体育"概念携带着现代性思想开始广泛进入学校。当时清华大学、燕京大学、南开大学等均成立了冰球队，并在与外国球队比赛中取得不俗战绩。1949年新中国成立后，"发展体育运动，增强人民体质"成为"人民体育"发展的基本原则，广泛推动了工人、农民和解放军的冰雪体育，为日后中国逐渐跻身冰雪体育强国奠定了基础。

中华冰雪诗画是一道独特的风景线。早在新石器和夏商周时代，已经有了珍贵的冰雪岩画。唐宋诗画中诗雪画雪者很多，唐代王维的《雪中芭蕉图》是绘画史上的千古之争，北宋范宽善画雪景，世称其"画山画骨更画魂"。国家兴衰牵动许多诗画家的艺术情怀，如李白的《北风行》写出了一位思念赴长城救边丈夫的妇人心情："……箭空在，人今战死不复回。不忍见此物，焚之已成灰。黄河捧土尚可塞，北风雨雪恨难裁。"表达了千万个为国上战场的将士家庭，即便能够用黄土填塞黄河，也无法平息心中交织的恨与爱。

二

雪域生态文化包括冰雪民族文化、青藏高原山水文化、卡瓦格博雪山与珠穆朗玛峰。

中华大地上有着世界之巅珠穆朗玛峰和别具冰雪文化生态特点的青藏雪域高原；有着西北阿尔泰、天山山脉和祁连山脉；有着壮阔的内蒙古草原和富饶的黑山白水与华北平原；有着西南横断山脉。雪域各族人民在广袤的冰雪地理区域中，创造了不同生态位下各冰雪民族在生产、生活和娱乐节庆等方面的冰雪文化，如《格萨尔》史诗生动描述的青稞与人、社会以及多物种关系的文化生命体，呼唤出"大地人（autochthony）"的宇宙观。

青藏高原的山水文化浩瀚绵延，在藏人的想象中，青藏高原的形状像一片菩提树叶，叶脉是喜马拉雅、冈底斯、唐古拉、巴颜喀拉、昆仑、喀喇昆仑和祁连等连绵起伏的山脉，而遍布各地的大大小小的雪山和湖泊，恰似叶片上晶莹剔透的露珠，在阳光的照耀下熠熠生辉。青藏高原上物种丰富的生态多样性体现出它们的"文化自由"。人类学家卡斯特罗（E. de Castro）曾提出"多元自然论（multinaturalism）"，反思自然与文化的二元对立，强调多物种在文化或精神上的一致性，正是青藏高原冰雪文化体系的写照。

卡瓦格博雪山（梅里雪山）最令世人瞩目的是其从中心直到村落的神山体系。如位于卡瓦格博雪峰西南方深山峡谷中的德钦县雨崩村，是卡瓦格博地域的腹心地带，有区域神山 3 座，地域神山 8 座，村落神山 15 座。卡瓦格博与西藏和青海山神之间还借血缘和姻缘纽带结成神山联盟，既是宗教的精神共同体，也是人群的地域文化共同体。如此无山不神的神山体系，不仅是宇宙观，也是价值观、生活观，是雪域高原人类的文明杰作。

珠穆朗玛峰白雪皑皑的冰川景观，距今仅有一百多万年的历史。然而，近半个世纪来，随着全球变暖，冰川的强烈消融向人类敲响了警钟。从康熙年间（1708—1718）编成《皇舆全览图》到珠峰出现在中国版图上，反映出中西方相遇下的帝国转型和主权意识萌芽。从西方各国的珠峰探险，到英国民族主义的宣泄空间，再到清王朝与新中国领土主权与尊严的载体，珠峰"参与"了三百年来人与自然、科技与多元文化的碰撞，成为世人瞩目的人类冰雪文化的历史表征。今天，世界屋脊的自然生态和文化生态保护形势异常严峻，拉图尔（B. Latour）曾经这样回答"人类世"的生态难题：重新联结人类与土地的亲密关系，倾听大地神圣的气息，向自然万物请教"生态正义（eco-justice）"，恭敬地回到生物链上人类应有的位置，并谦卑地辅助地球资源的循环再生。

三

冰雪动植物文化包括青藏高原的植物、猛兽以及牦牛、藏鸫、猎鹰与驯鹿。

青藏高原的植物充满了神圣性与神话色彩。如佛经中常说到睡莲，白色睡莲象征慈悲与和平，黄色睡莲象征财富，红色睡莲代表威权，蓝色睡莲代表力量。青藏高原共有维管植物1万多种，有菩提树、藏红花、雪莲花、格桑花等国家一级保护植物和珍贵植物品种。然而随着环境的恶化和滥采乱挖，高原的植物生态受到严重威胁，令人思考罗安清（A. Tsing）在《末日松茸》中提出的一个严峻问题：面对"人类世"，人类如何"不发展"？如何与多物种共生？

在青藏高原的野生动物中，虎和豺被世界自然保护联盟列为等级"濒危"的物种，雪豹、豹、云豹和黑熊被列为"易危"物种。在"文革"期间及其之后的数十年中，高原猛兽一度遭到大肆捕杀。《可可西里》就讲述了巡山队员为保护藏羚羊与盗猎分子殊死战斗的故事，先后获得第17届东京国际电影节评委会大奖以及金马奖和金像奖，反映出人们保护人类冰雪动物家园的共同心向。

大约在距今200万年的上新世后半期到更新世，原始野牦牛已经出现。而在7300年前，野牦牛被驯化成家畜牦牛，成为人类生产、生活的重要伙伴。《山海经·北山经》有汉文关于牦牛最早的记载。牦牛的神圣性体现在神话传说中，如著名的雅拉香波山神、冈底斯山神等化身为白牦牛的说法；中华民族的母亲河长江，藏语即为"母牦牛河"。

青海藏南亚区位于青藏高原东南部边缘，地形复杂，多南北向深切河谷，植被垂直变化明显，几百种鸟类分布于此。特别在横断山脉及其附近高山区，存在部分喜马拉雅—横断山区型的鸟类，如雉鹑、血雉、白马鸡、棕草鹛、藏鹀等。1963年，中国科学院西北高原生物研究所科考队在玉树地区首次采集到两号藏鹀标本。目前，神鸟藏鹀的民间保护已经成为高原鸟类保护的一个典范。

在欧亚草原游牧生活中，猎鹰不仅是捕猎工具，更是人类情感的知心圣友。哈萨克族民间信仰中的"鹰舞"就是一种巴克斯（巫师）通鹰神的形式。哈萨克族人民的观念当中，鹰不能当作等价交换的物品，其价值是用亲情和友情来衡量的。猎鹰文化浸润在哈萨克族、柯尔克孜族牧民的生活中，无论是巴塔（祈祷）祝福词，还是婚礼仪式，以及给孩子起名，或欢歌乐舞中，都有猎鹰的影子。

驯鹿是泰加林中的生灵，"使鹿鄂温克"在呼伦贝尔草原生存的时间已有数百年。目前，北极驯鹿因气候变暖而大量死亡，我国的驯鹿文化也因为各种环境和人为原因而趋于消失，成为一种商业化下的旅游展演。费孝通的"文化自觉"，正是对禁猎后的鄂伦春人如何既保护民族文化又寻求生存发展所提出的："文化自觉"表达了世界各地多种文化接触中引起的人类心态之求。"人类发展到现在已开始要知道我们各民族的文化是哪里来的？怎样形成的？它的实质是什么？它将把人类带到哪里去？"

相信费孝通的这一世纪发问，也是对人类世的冰雪纪年"怎样形成？实质是什么？将把人类带向哪里？"的发问，是对人类冰雪文化"如何得到保护？多物种雪域生命体系如何可持续生存？"的发问，更是对人类良知与人性的世纪拷问！

《中华冰雪文化图典》丛书定位于具有学术性、思想性的冰雪文化普及读物，尝试展现中华优秀传统冰雪文化和冰雪文明的丰厚内涵，让"中华冰雪文化"成为人类文化交流互通的使者，将文明对话的和平氛围带给世界。以文化多样性、文化共生等人类发展理念促进人类和平相处、平等协商，共同建立美好的人类冰雪家园。

本丛书由清华大学社会科学学院人类学与民族学研究中心组织的"中华冰雪文化研究团队"完成。为迎接 2022 年北京冬季奥运会，2021 年底已先期出版了精编版四卷本《中华冰雪文化图典》和中英文版两卷本《中华冰雪运动文化图典》。本丛书前期得到北京市社科规划办、清华大学人文振兴基金的支持，谨在此表示衷心的感谢！并特别向辛勤付出的"中华冰雪文化研究团队"全体同人、学苑出版社的编辑人员表示深深的谢意！感谢大家共同为中华冰雪文化研究做出的努力和贡献！

张小军

于清华园

2023 年 10 月

人类的冰雪纪年与文化之道（代序）

序

　　在很多人的想象中，素有"世界屋脊"之称的青藏高原是一片荒芜的生命禁区，而真实的青藏高原其实是一个生机勃勃的世界。青藏高原东西长约2800千米，南北宽300—1500千米，总面积超过250万平方千米，约占我国陆地总面积的26%。因其面积辽阔，地形复杂多变，水热分布格局自东南向西北差异显著，故形成了高寒灌丛草甸、高寒草原和高寒荒漠三种主要的生态系统类型，其间点缀大大小小的湖泊、河流和沼泽，在一些较为湿润的低海拔地区也有郁郁葱葱的森林景观。[1]复杂的生态系统类型孕育了丰富的植物多样性。据科学家粗略估计，青藏高原（包括喜马拉雅山和横断山侧坡）共有维管植物1500属，超过1.2万种，占中国维管植物物种总数的40%。若仅计平均海拔4000米以上的高寒地区，则维管植物有955种，分别占青藏高原总数的8%和全国总数的3.2%。[2]其中，青藏高原特有的种子植物有3764种，属于113科519属，包括草本植物2873种、灌木769种、乔木122种。[3]

　　这些植物不仅为生活在雪域高原的藏族农牧民提供了丰富的生产生活资料，它们在藏族的十明传统文化中也扮演着重要的角色，无论是医方明（医学）的藏医药、星象学的天文历算、内明学（佛学）的佛教经论，还

1　王琰：《青藏高原生态系统中植物多样性及保护策略概述》，《青海畜牧兽医杂志》2015年第45卷第3期。

2　王海山、周进：《青藏高原濒危植物多样性保护的研究》，《西藏科技》2008年第5期。

3　于海彬、张镱锂、刘林山等：《青藏高原特有种子植物区系特征及多样性分布格局》，《生物多样性》2018年第2期。

是在工巧明（工艺学）的绘画与雕刻、辞藻学的谚语和谜语、韵律学和修辞学的诗歌创作、戏剧学的藏戏和舞蹈，乃至在声明学（语言学）的语言和文字、因明学（逻辑学）的经典辩题中，无一不涉及各种各样的植物。

在雪域藏人的传统文化中，人类所在的娑婆世界自始以来就与植物有着密切的关系。这个世界在陆地形成之前曾经是一片汪洋大海，某天海面上突然盛开一千零二朵硕大的白花，每一朵花都有一千片花瓣，蔚为壮观，因此这个世界也被称作"花世界"。对于地球上大部分其他生命而言，植物是它们赖以生存的物质基础。人类的演化也和植物息息相关。传说最初的人类是光体之躯，无形无影，来去自由，后来因为食用了植物才逐渐退化成为现在沉重的血肉之躯，如今人类每天都需要摄入大量食物方可存活。

随着气候变化和人为活动导致青藏高原的生态环境发生剧烈变化，一些对人类社会有重要的使用价值和文化意义的植物正在变得越来越罕见，而更多不起眼的植物在人们尚不熟悉其名字和作用之前，可能就已经濒临灭绝了。不同地方面临的环境问题各不相同，解决这些问题需要采取有针对性的办法，不同的环境问题需要不同的解决办法，而寻找适合于某一地区的解决办法既离不开普世的现代科学，也离不开地方性的传统生态知识。作为中华冰雪文化的组成部分，雪域高原的植物文化蕴含丰富的本土生态知识、实践方式和理念，体现了人与自然和谐共生的生态观，对于促进青藏高原的生物多样性保护具有重要的意义。

目前，青藏高原的很多自然保护地，比如三江源国家公园，正在如火如荼地开展各种生态保护和环境教育活动。除了普及科学知识之外，向访客展示高原地区丰富的冰雪文化，亦将有助于打造高水平的、有地方特色的国家公园生态体验项目。希望本书能抛砖引玉，吸引更多人关注雪域高原的植物文化，帮助传承和弘扬中华民族优秀的冰雪生态文化。笔者水平有限，且成书时间仓促，若有批漏，请专家批评指正。

居·扎西桑俄　高煜芳

2021 年 5 月 22 日

目　录

第一章
植物分类和鉴别

藏族人把植物称为"子香",这个词是由两个名词组合而成:"子托"和"香锐"。"子托"一般比较矮小,茎细软,大概相当于现代科学家所说的草本植物;"香锐"的茎粗硬,通常长得又高又大,大概相当于现代科学家所说的木本植物。

"子托"可以分为"杂"和"德姆"两大类。按现代植物分类学的说法,"杂"主要包括禾本科、莎草科和灯心草科,其他草本植物则属于"德姆"。此外,"德姆"也包括菌类、藻类、地衣、苔藓和蕨类等。"杂"是青藏高原上最为常见的植物。日常生活中人们所说

△ 图 1-1　披碱草和薹草

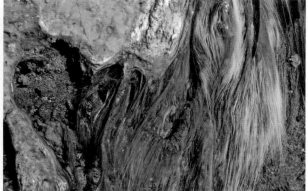

△ 图 1-2　菌类和藻类

△ 图 1-3　地衣和苔藓

△ 图 1-4　蕨类

的"杂"一般是指牛羊吃的牧草，比如披碱草和薹草，人们食用的青稞、小麦和大麦也属于"杂"。"德姆"可以分为开花和不开花两大类。不开花的"德姆"主要指菌类和苔藓，开花的"德姆"一般是双子叶草本植物。藏药中用的大部分植物原料、人们种植的蔬菜和香料作物，以及用来供奉诸佛菩萨与山神的植物，基本都是属于开花的"德姆"。

雪域高原民间有一种说法：当一个人坐在草地上，闭上眼睛，伸出手掌随意压在草地的任何一处地方，如果在手掌下方可以找到七种以上的植物，就说明这块草地的质量非常好。当人平躺在这样一块草地上，身体覆盖的地方，可以找到治疗一生可能遭遇的任何疾病的药用植物。

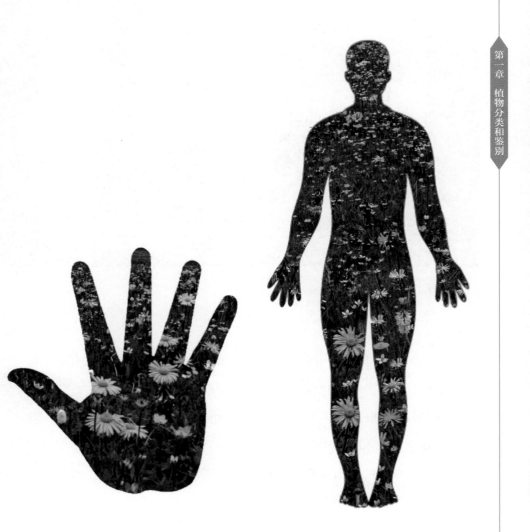

▷ 图1-5
手、身体压盖植物演示图

△ 图1-6 常见灌木：雪层杜鹃和金露梅

△ 图1-7 常见灌木：山生柳

　　"香锐"即树，可分为"香禅"和"香东"。"香禅"没有主干和主根，大部分长得比较低矮，相当于现代科学所说的灌木；"香东"有主干和主根，大部分长得很高大，相当于现代科学所说的乔木。青藏高原上树木的种类和数量都不多，分布范围也较为狭窄。"香禅"中较为常见的有山生柳、雪层杜鹃、密枝杜鹃、金露梅、西藏沙棘等。这些灌木可以用作薪柴，其中不少也是重要的煨桑植物。"香东"

△ 图1-8
常见乔木：川西云杉和大果圆柏

▷ 图1-9
常见乔木：紫果云杉

中较常见的是川西云杉、大果圆柏、紫果云杉等常绿针叶乔木，在一些地方也生长杨树、白桦和红桦等落叶阔叶树种。云杉木材坚韧，纹理致密，过去高原农区的寺院很多都是用云杉木建造，而香气四溢的圆柏木则是制作家具的好材料。云杉和柏树的树干还可以用来制作马鞍和牛鞍，或用于雕刻。

　　雪域高原的传统文化中有一套系统而完整的植物分类体系。现代的植物分类一般根据根茎叶花的形态差异来划分不同物种，而在藏族的传统植物分类中，眼、耳、鼻、舌、身这五种感官都要调用，从色、声、香、味、触的不同角度对植物进行鉴别。一些植物只需通过视觉上的差异就能加以分别，比如根据花的颜色和形状区分红花绿绒蒿和黄花绿绒蒿。一些植物看起来几乎一模一样，而闻起来却有显著不同。比如，龙蒿和褐苞蒿，这两种植物都来自蒿属，形态相似，但散发出的气味却有很大的差别，褐苞蒿比龙蒿的气味浓郁得多。

再比如，垂头菊属和橐吾属的植物，如果光看形态很容易混淆，但橐吾属的植物会散发出一种独特的气味，藏语称之为"橐吾味"，只需稍微一闻，闭着眼睛都能轻易识别。不仅如此，橐吾属植物无论叶子或花，用手握上去会发出一种特别的声音，而垂头菊属的植物则没有这种声音，所以也可以通过听觉对二者进行区分。有的植物还可以通过味觉来鉴别，比如弯齿风毛菊和尖头风毛菊长得很像，尤其是叶子更是难以区分，但是，如果把尖头风毛菊的叶子放到嘴里尝一尝，就会发现味道特别苦，而弯齿风毛菊的叶子一点都不苦。还有的植物可以通过触觉区分，比如藏语称为"普那"和"刊玛"的两种植

▷ 图1-11
弯齿风毛菊和尖头风毛菊

物，其形态和气味都很相似，但是前一种植物粘手，而后一种不粘手，凭这点就可以识别这两种植物。

在雪域高原的传统文化中，区分植物雌雄的方法与现代科学不完全一致。花朵只有雄蕊的是雄性植物；花朵只有雌蕊的是雌性植物；如果雌雄蕊都有，则看是否长刺，有刺的是雄性，无刺的是雌性。如果都有刺，则可以视刺的多寡而定。一般而言，生长在阳坡的是雄性，生长在阴坡的是雌性；长得高的是雄性，长得矮的是雌性；树皮粗糙的是雄性，树皮光滑的是雌性；不结果子的是雄性，结果子的是雌性；开蓝色和黄色花的是雄性，开白色和紫色花的是雌性。藏医还会根据味道和药效来区分植物的雌雄，药效强的是雄性，药效弱的是雌性，介于两者之间的是中性植物。植物还有"野"和"驯"之分，前者即野生的，大部分生长在离人居所较远的地方，后者一般生长在人居所附近，比如牛圈或农田周围，哪里有人活动哪里就容易找到。

第二章
植物的命名

　　藏族学者认为，事物的名称可以分为两大类：一类是无意之名；另一类是有意之名。无意之名是约定俗成的符号，不带任何意思，这通常是一些来源比较古老的名称；而有意之名一般是在无意之名的基础上添加一些带有含义的修饰语而成。例如，小型杜鹃一类的植物在藏语中统称为"素日"，这是一个无意之名，但是当具体指某一种杜鹃的时候就会用到有意之名，比如樱草杜鹃的藏文名为"素尕"，这

▽ 图2-1 青藏垫柳

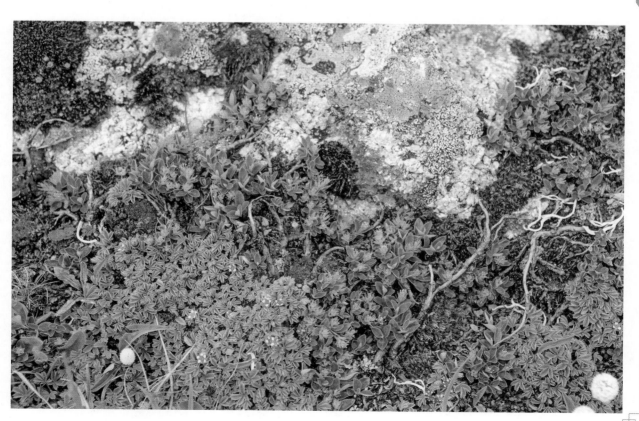

是"素日尕波"的简称，意思为"白色的素日"，即白色的小型杜鹃。柳树统称为"朗玛"，这是一个无意之名，而青藏垫柳叫"朗累"，意思是匍匐在地上的柳树。

古老的无意之名一般都只有一个字，这种情况在雪域高原的动物中很常见，许多哺乳动物的藏语名就只是一个单音节字，比如雪豹叫"萨"，猞猁叫"意"，赤狐叫"瓦"。然而，在雪域高原的植物中，名称只有一个字的却特别稀少。从这一点可以推测，远古时代的人们对于动物的辨识早于植物。植物中一个字的名称，比如"香"和"杂"，基本都是某个类别的统称，而不是指代某个具体物种。也许那时的人是以类群来统一命名相似的植物，到了后来才逐渐出现两个字的名称，甚至发展到四个字乃至更长的名称。

地方常见植物的名称往往都是无意之名。这些植物与人们的生产生活有直接关系，所以人们对它们非常熟悉，比如金露梅和银露梅统称为"飞玛"，所有的桦树都叫"达巴"，所有的柏树都叫"秀巴"，所有的杨树都叫"江玛"。这些名称来自民间，究竟谁最早这么叫，为何这么叫，这些问题实在难以考据。

植物的有意之名的来源主要是藏医学。没有药用价值的植物很少被命名，所以高原上有大量植物都没有藏文名称。不同派系和不同地区的藏医对同一种药用植物的命名也未必一致。有些植物只有口传的名字，而没有书面名称，也存在一个名称可以指代多种不同植物的情况。有的植物的命名是依据其颜色和形状。比如，小型杜鹃可以按花的颜色，分为白杜鹃、黑杜鹃、紫杜鹃、蓝杜鹃。有的植物在雪域高原上并不生长，但是它们的名称经常出现在佛教经文或藏医典籍中，这些通常是音译名，如"班玛"（荷花）、"俄巴拉"（睡莲）、"卡切骨根"（藏红花）、"黄连"（胡黄连）、"宗"（葱），前三者是从梵文音译而来，后两者是由汉语音译而来。在公元 8 世纪赤松德赞时期，许多伟大的译师共同制定了一套严格的音译标准，直到今天人们还是依据这套标准来翻译新引入的藏文词汇。

▶ 图 2-2　柏树

△ 图 2-3　淡黄杜鹃和高山杜鹃

有的植物是以地名来命名，比如"卡其骨根"，指的是克什米尔的藏红花；"萨霍古续"，指的是孟加拉国的苹果。有的植物以人名命名，比如"张大人"指的是波斯菊，据说它是由清朝一位张姓官员带到西藏拉萨，后人便以其称谓来指代这种花；香菜的藏语名叫"索南巴宗"，这是以前拉萨一位老阿妈的姓名，据说这位老阿妈将香菜的种子从尼泊尔带到拉萨，种出来后拿到菜市场上卖，很受人们喜欢，因为起初只有她在卖这种菜，所以老阿妈的姓名就成了香菜的代称。

△ 图2-4　张大人花

△ 图2-5 曲花紫堇和粗糙黄堇

也有不少植物是以动物名称来命名。高原上常见的紫堇属植物的名字大多和动物有关，比如中文学名叫粗糙黄堇的植物，其藏文名为狮子紫堇，陕西紫堇是孔雀紫堇，条裂黄堇是老虎紫堇，曲花紫堇是绿龙紫堇，密穗黄堇是圣马紫堇。马先蒿属植物藏语叫"囊那"，意思是大象鼻。薄蒴草叫"董香尕莫"，指的是白色的蜘蛛花。

▶ 图 2-6 薄蒴草

葶苈叫"须拉"，意思是小鸟的萝卜；而旗杆芥叫"勾勾拉普"，意思是大杜鹃的萝卜；海乳草的名字叫"萨姆努"，即水獭的奶子；沼生水马齿叫"俄哇物嗖"，意思是"喂赤麻鸭的小鸟"。这些植物与其名字中出现的动物之间的关系，有的是形态上存在相似之处，有的是物候上的联系，也有的是因为该植物是这种动物的主要食物等。还有更多的原因如今已经不得而知。

△ 图 2-7　葶苈和旗杆芥

最后，还有的植物是以其带给人的感受来命名。例如，川西小黄菊的藏语叫"色尔君木"，意思是停止疼痛，这种植物可以用来制作止痛药。夏天草地上还有一种常见的黄色小花，中文学名叫作高原毛茛，藏语叫"节擦莫"，意思是辣舌头，因为高原毛茛的五片花瓣中间有一颗绿色长圆形的聚合果，味辣，连家畜都不喜食，不过待花朵凋谢后，其茎与叶反倒成了牦牛钟爱的食物。

▷ 图 2-8 川西小黄菊

▷ 图 2-9 高原毛茛

第三章
食用植物

青藏高原气候寒冷，传统上人们的饮食以高热量的牛羊肉，以及酥油、酸奶、奶渣等奶制品为主，在面积辽阔的牧区尤为如此。但是，在藏族人的餐桌上还是有不少植物，其中包括各种谷物、蔬菜、野菜、水果、茶、调料，以及菌类等。这些植物有的是本土物种，有的是经由商业贸易路线从其他地方进入雪域高原的，历经漫长岁月后，它们已经融入了藏族人的日常生活。

青稞

青稞是雪域高原主要的谷类作物，是所有谷物中用途最多的一种。炒熟的青稞磨成面制作的糌粑，是雪域藏人的主食之一。青稞还可以用来做青稞酒，寺院里供佛或驱邪的朵玛（食子）也是用青稞粉做成的。

从颜色看，青稞可分为三个品种：蓝青稞、白青稞和黑青稞。用这三种青稞做出来的糌粑的颜色和味道都不一样，老人们尤其喜欢黑青稞做的糌粑，因为其味道更浓。黑青稞主要产自四川的阿坝县、色达县、甘孜县，白青稞产自青海的西宁、海北州、海南州和黄南州，

▽ ▷ 图 3-1　青稞和青稞面

以及甘肃的甘南州，而蓝青稞主要来自西藏日喀则。

黑青稞有很多个不同的品种，其中有一种叫"阿甘巴瓦"的黑青稞尤为有名。"阿甘巴瓦"原是四川省阿坝县的一个小村子的名字，这种黑青稞唯独在这个村子才有生长，如果将种子带到其他地方去种，都长不出来这里独有的味道。

传说以前在青海果洛玛柯河地区有一只无主的母羊，它天天到当地人家的田地里偷吃青稞，这个地方的很多人都不喜欢这只母羊，人们商量后决定把母羊赶到很远的地方去。母羊离开了从小长大的家乡，很是伤心，它翻过一座高山，到达四川阿坝县的一个美丽的山沟。这里的人们也种植青稞，母羊去吃青稞同样遭到了人们的驱赶。有一天，它被赶到了一个叫"阿甘巴瓦"的村子里。这里有一对相依为命的母女，她们的田地很小，女儿看见母羊来吃青稞，大声喊着想把它赶走，母亲见状连忙制止道："不要赶走它们，这只羊看起来已经历了长途跋涉，一定非常辛苦，先让它好好吃饱，等明天再说。"就这样，母羊终于好好地吃上了一顿饱饭。第二天，母羊生下一只小羊，母女俩把这两只羊好生照料，后来她们家的青稞田里长出来了饱满的黑色青稞，这种青稞不仅产量大，而且味道独特，十分美味。到了第二年，田里长出来的还是这种黑青稞，慢慢地这个地方就有了名气，来这里种植青稞的人越来越多。后来，人们把这只母羊称作"央的杂色母羊"，意思是给人带来福气的母羊。

民间关于青稞的来历有不同的传说。流传最广的一种说法是青稞种子来自观世音菩萨。据说，在现在西藏山南市乃东区附近有一座叫"贡波日"的山，靠近山顶的一个山洞中住着一只猴子，附近有一个岩魔女爱上了这只猴子。二者结合后生下来性情各异的六只小猴子，后来猴父把这六个孩子送到了附近的一片果树林中，让它们独立寻食生存。起初，林子里食物丰富，猴子生活富足，大量繁殖，等到三年后猴父来看望时，猴子的数量已经发展到五百多只，树上的果实不足以饱腹，猴子们的境况非常凄惨。为了不让他的猴子猴孙们挨饿，猴父去观世音菩萨那里求得天生五谷种子带回来给小猴子们，这其中就包括青稞。小猴子们吃了这些不需要耕种便可自然生长的粮食后，尾巴变短了，身上的毛也渐渐消失，慢慢地，他们成了雪域高原上最早的人类。

还有一个传说认为青稞是由狗带到人间的。曾经有一个名叫阿初的王子，他为了让王国的人们都能吃上粮食，从蛇王那里盗得青稞种子，蛇王发现后把他变成了一只黄毛狗，后来一个大土司的女儿爱上了王子，他才又恢复了人身。这个故事在康巴地区很流行，但是我们在果洛并没有听说过。

小麦

▽ 图 3-2
普通小麦和藏青稞

民间将小麦分为汉小麦和藏小麦两种。汉小麦即普通小麦，藏小麦则是现代植物学家们所说的藏青稞。二者的区别主要在于芒的数

量，汉小麦的芒较多，藏小麦几乎没有芒。雪域高原民间传统上认为这两种植物都是小麦，但是现代植物学认为藏青稞不是小麦，而是属于大麦属。小麦主要用来做面粉，是做馍馍需要的原料。以前很多老人特别喜欢用藏青稞的面粉做的馍馍，因为这种面带有一点甜味。但是，因为藏青稞的产量很低，后来很多地方改种普通小麦，所以现在藏青稞面粉非常难得。牧区的老人们说，现在的馍馍没有以前的馍馍好吃，他们不明白这是怎么回事，其实这是因为面粉变了，现在人们吃到的面粉基本都来自普通小麦。

大麦

大麦一般种植在海拔较高，青稞通常无法生长的地方。高海拔的地方天气多变，青稞很容易被霜冻死，而大麦比较耐寒，对生长环境的气候条件要求不是很严格。很多人不喜欢大麦，因为大麦的外壳不容易去除，而且传统上大麦是穷人吃的食物，是被富人们瞧不起的。虽然大麦不受人喜欢，但还是有少部分人坚持种植大麦，因为大麦是佛教仪式中不可或缺的供物之一。

玉米

在康巴和安多的不少地方，玉米也叫"玛没咯多"，意思是不用种植自然就会生长的植物。一些藏文古籍中提到，人类最早食用的一种植物就叫"玛没咯多"。玉米只在雪域高原极少数地方才有生长，比如嘉绒地区和察隅县，所以过去青藏高原大部分地区的人们从来都没有见过玉米。西藏解放后，解放军带来了许多玉米，他们用玉米粒

喂马，因此一些地方也把玉米叫作"马食"。可能是因为这个名字的影响，至今很多老人都不大愿意吃玉米。

燕麦

过去，燕麦一般是附带在青稞田里生长出来的。很多农民不喜欢燕麦，因为如果青稞里面混有燕麦的话，青稞的价格就不高了。所以夏季时，农民若是在青稞田里看到燕麦，就会将它们拔掉。人们会用燕麦来泡酒，燕麦也是一种藏药。

大米

大米主要生长在雪域高原的墨脱县、芒康县、察隅县、德钦县等地。传统的大米略微偏黄，而且产量低下，所以很多人都不愿意种植大米。从药用价值来看，传统的黄大米的价值比较高，但是现在大家都喜欢市面上常见的白色大米，黄大米已经很少见。以前只有贵族家才吃得起大米，一般人连见都没有见过，特别是在远离内地的牧区，大米非常罕见。在今天的青海祁连县，历史上曾经有个著名的阿柔家族，民间流传的关于他们的笑话特别多。据说，阿柔家族有五个兄弟，有一回他们的舅舅把他们请到家中去，舅舅给他们做米饭吃，当把米饭倒进碗里的时候，这五兄弟十分生气："作为我们的舅舅，你怎么可以如此小看我们！我们再笨也不会吃蚂蚁蛋的！"

蔓菁

　　在青藏高原，过去人们吃的蔬菜绝大多数是十字花科的植物，其中比较普遍的一种是蔓菁，也叫芜菁，雪域高原民间也把它叫作"拉泪"。这是一种生长在高寒山区的植物，它们的肉质块根可以作为谷物粮食的替代。藏族有句谚语大概是说"女生和蔓菁都是在冬天长个子"。传统上人们认为男生夏天长个子，女生冬天长个子。夏天的蔓菁只长叶子，等到冬天河面上都结了一小层冰的时候，它们才开始生长肉质的块根，有的甚至可以达到 11 斤重。

　　蔓菁块根一般的吃法是先放在水里煮熟，然后捣成泥状，放酥油和盐巴混合在一起吃。去过拉萨的人可能会对八廓街上卖的一串串黑色的风干的蔓菁块印象深刻。这种蔓菁块叫作"鲁干姆"，是用小块蔓菁，去除叶子和根后放在大锅里长时间炖煮，然后取出来放在黑暗的房间里阴干而成的。据说这种蔓菁块可以防止高原反应，以前人们徒步去西藏朝拜会随身带些蔓菁块，在翻越海拔 5000 多米的唐古拉山口时，不少人都会有不舒服的感觉，这时候只要在嘴里嚼一块蔓

▶ 图 3-4　蔓菁

菁，就会感觉好很多。

还有一种蔓菁片叫作"肖干姆"，这是取新鲜的蔓菁切成片状，放在阳光底下晒干而成的。要用的时候只需放在水里浸泡一两个小时，就可以拿来炒菜或做稀饭。还可以把新鲜的蔓菁整个放到火里面烤，烤好后剥开几乎烧成黑炭的外皮，在里面放点酥油一起吃，味道极佳。不仅是块根，蔓菁的叶子也可以吃。把蔓菁的叶子摘下来，加入沙棘一起炖，炖好后把叶子捏成小球状，用绳子串起来，夜里放在室外冻干，这种食物叫作"咯果日"，吃的时候放在碗里加点开水就可以了。

青藏高原的植物

萝卜

以前雪域高原有一种本地自产的萝卜，叫藏萝卜，它的外皮呈红色，根比现在常见的萝卜小，味道也更辣。这是一种特别好的药用植物，对于腿部水肿有显著的疗效。萝卜也是人们喜欢的蔬菜，可以直接用来炒菜，也可以切成块和粥一起煮，或者切成丝和牦牛肉混在一起用来包肉馍馍。

黄萝卜

黄萝卜的大小和上文提到的雪域高原本地自产的萝卜差不多大，但是它的叶子较小，呈灰绿色，而且味道是甜的。这种植物在过去被用来做糖，相当于汉地的甘蔗。做糖时，先把黄萝卜切成块状，放到一个大锅里加水炖，直到液体稍稍变黏稠，然后用纱布过滤，剩下来的液体继续用温火慢熬，直到变成像蜂蜜那样浓稠，晾干变成固态后，再用木头敲碎成小细粒，这就是传统上食用的黄糖。有些人为了让它更甜一些，会在熬煮黄萝卜的水里加些白糖。黄萝卜做的糖可以直接吃，也可以和酸奶混合在一起吃。如今这种黄萝卜在雪域高原已经十分罕见了。

韭、蒜、葱

在雪域高原人工种植的有三种百合科葱属的植物：韭、蒜、葱。前一种可以当蔬菜吃，经常用来包饺子，后两种主要用来做调料。很多人不喜欢韭菜的味道，但是甘肃著名的拉卜楞寺的僧人却非常喜欢

△ 图 3-5　高山韭

用韭菜来包饺子。以前小和尚去拉卜楞寺拜师求学，老僧人会考验他能否吃得了韭菜，如果吃得习惯，就说明这个小和尚可以在拉卜楞寺待下去。大蒜被认为可以防止感冒，过去大人会在孩子的脖子上挂一颗大蒜，叮嘱他们偶尔要拿起来闻一闻。

葛缕子

伞形科的葛缕子是著名的调料植物。它们的种子做成的粉末深受人们喜欢，可以用来直接佐着牦牛肉吃，也可以加到面片汤里调味。葛缕子生长于河滩草丛或高山草甸，到藏历七月末花就开始凋谢，这时候把它们的茎拔下来，用绳子绑起来挂在房梁上，风干后整束在地上打几下，种子就都落下来了。它们的种子和普通大米差不多大，收集起来继续晒干，干完后再磨成粉，就可以当作调料了。据说葛缕子可以预防风疾[1]，所以在雪域高原，有葛缕子生长的地方，很多老人会经常食用葛缕子粉。葛缕子刚长出的叶子也可当作野菜吃。但是这种植物的侵略性特别强，对草场的破坏大，所以也有不少人并不喜欢葛缕子。

花椒

花椒在海拔3400米以下的很多地方都可以生长。大部分花椒都是野生的，不过如果把野生的花椒摘下来种在房子周围，只要海拔和气候合适也很容易长成。这是牧区和农区常用的一种调料。过去很多

---

1 体内气息错乱引起的血管和神经系统所属诸病。

Δ 图 3-6　葛缕子

△ 图 3-7 花椒

▽ 图 3-8 甘草

大家族会吃那种散发出腐败气味的烂肉，他们会在煮的时候放点花椒，从而去除腐肉的气味。包饺子时也会放点花椒粉在肉里。花椒还是一种藏药。如果骑马摔倒或者爬山时跌倒，伤处发肿的话，可以拿一把花椒放到水里煮，然后把热花椒从水里取出，用布包起来，放在肿大的地方热敷，效果很好。在过去只有富裕的家庭可以这样做，因为花椒并不便宜。

藏族人一般不吃没有磨成粉的花椒。人们认为不能把花椒粒咽下去，不然胃里可能会长出来肿瘤。因此，很多老人反对把花椒颗粒直接添加到菜里。据说，在吃一些珍贵的药物之前，可以先喝点花椒水，让花椒水把全身血脉打开，然后再吃药，效果更佳。

甘草

甘草是豆科的一种多年生草本植物，主要生长在比较干旱的沙地或山坡草地。甘草的根外皮褐色，里面淡黄色，具甜味。以前人们挖甘草根，会拿条粗绳子，一头拴住甘草，另一头绑在牦牛身上，然后驱赶牦牛往前走，这样就能把甘草连根拔起，有的甘草的根甚至可长达15米。过去煮甜茶时，人们会往里面加甘草。小孩子不想吃药时，大人也会给他们喝甘草水。甘草根还可以用来做牙刷，先把根放到嘴里咀嚼，然后用分叉的根丝来刷牙，就像现在人们使用的牙刷一样，很多小孩子刷着刷着牙，直接就把甘草根给吃了。甘草尽管香甜可口，但若吃多了，就会变成苦的味道。人们有时会评价某人就像甘草一样，意思是说，刚与此人结交时，他显得落落大方，平易近人，但是相处久了，他的各种不良品性就都显露出来了。

核桃

核桃来自胡桃科胡桃属，这种植物在很多地方都有生长，比如嘉绒和山南地区，也有的核桃是从新疆或四川带过来的。核桃可以直接食用，也可以磨成泥放到酥油茶中混合着喝。这也是滋补身体的一种良药，藏医认为核桃油涂在头上有助于生发。核桃绿色的果皮可以用作颜料，涂在佛像或法器上，就像打了层蜡般光亮。雪域高原民间也有吃核桃补脑的说法。

红枣

红枣是鼠李科枣属的植物，生长在雪域高原海拔较低的地方，比如热贡和嘉绒雪域高原。红枣一般干着吃，也可以用来炖粥，民间认为喝红枣汤可以补血。把红枣的果实捣成泥状，其黏性特别强，寺院经堂的佛像或佛塔上经常贴着五光十色的玛瑙珠宝，过去就是用红枣泥来粘上去的。藏药的药丸外壳有一层光滑的黑色包衣，这也是用红枣泥做成的。

沙棘

沙棘可能是唯一一种无论是在牧区还是农区都可以吃到新鲜果实的植物。它们经常生长在河滩上有小石头的地方。沙棘有很多种，均为灌木，其中有一种叫西藏沙棘，这是所有的沙棘中长得最矮的，一般只有50—60厘米高，但是它的果子却是所有沙棘中最大的，每个果子差不多有半个葡萄那样大。每年秋天大概藏历八月是采摘沙棘的季节。沙棘长刺，所以不容易采，但最为麻烦的是与人争食的红嘴山

△ 图 3-9　西藏沙棘

鸦。一群上百只红嘴山鸦，一到有沙棘的地方，不用一两个小时就会把这片地方的沙棘全都吃光，因此在采沙棘的季节很多人特别讨厌红嘴山鸦。以前到了藏历九月，天气已经转冷，夜里沙棘会冰冻起来，天还没亮前人们就会拿块大布铺在沙棘灌丛下，然后用棍子击打灌丛，令沙棘的果子掉到布上，这是采摘沙棘的简便办法。等到太阳出来，沙棘果解冻后，落到地上很容易就烂了。然而，现在这种做法不适用了，因为如今气候变暖了，藏历九月沙棘果尚且冰冻不了，等到天气足够冷时，沙棘果的生长季节却早就已经过去了。

沙棘果吃起来酸酸甜甜的，可以放在碗里捣碎，然后加点白糖搅拌后吃。还有一种做法是把大量的沙棘果放在锅里小火慢炖，直到变成非常黏稠的液体，冷却后放到罐子里，每次吃一点点，据说对肺很好。很多酸的食物都是添加了沙棘。往牛奶里放三四颗沙棘，这样放着发酵不久牛奶就会变成酸奶，如果多放点沙棘，牛奶就会变成奶渣。

青藏高原的植物

海枣

　　海枣是雪域高原特别常见的一种水果，是棕榈科刺葵属乔木枣椰树的果实。寺院举办法会时，给僧人做的素粥中会放很多海枣。一些有钱的大家族会像储存青稞一样，把干海枣一袋一袋存放在家里，以备不时之需。在青海果洛等地，海枣也叫"印度果"，但是，实际上过去雪域高原大量的海枣并不是来自印度，而是从现在的伊拉克一带过来的。这曾经是联系青藏高原和古波斯地区的一种非常重要的商品植物。

菌类

很多菌类吃起来有肉的感觉，所以民间有这样的说法，没有肉的时候，蘑菇就是肉。青藏高原上的野生蘑菇种类繁多，但是平常人们食用的只有四五十种。大多数蘑菇都生长在农区，所以关于蘑菇的知识，牧民了解得不多。采食蘑菇必须小心谨慎，一旦吃错了可能会中毒，危及生命。

如何辨别蘑菇是否可以食用呢？生活在农区的人们积累了很多非常实用的知识：第一，颜色鲜艳的漂亮蘑菇，比如蓝色、绿色或红色的蘑菇，都不能吃；第二，伞盖表面光滑的蘑菇大多有毒，不能吃；第三，伞盖下方的菌褶细薄，颜色发黑的蘑菇不能吃；第四，在动物

▼ 图 3-11　有毒的蘑菇：暗蓝粉褶伞

△ 图 3-12 大秃马勃

粪便上长出来的蘑菇不能吃，大部分有毒；第五，把蘑菇的伞盖撕开，里面有小虫子的蘑菇应该是无毒的，但也有些虫子喜食对人有毒的蘑菇，所以需非常谨慎。不管是什么蘑菇，无论认识与否，千万都不要生吃。如果不慎误食了有毒的蘑菇，需要尽快就医。除了食用价值外，有的蘑菇还可以用来提取颜料，比如大秃马勃，可以用来制作写字用的黑色墨水。

蘑菇的藏语叫"给习"，可以分为两种：一种叫"给尕"，即白蘑菇，伞盖表面为白色，伞盖下的菌褶呈粉红色；另一种叫"给色"，即草地蘑菇，外表偏黄色，伞盖下的菌褶也是黄色，人们平常所说的黄蘑菇指的就是这种蘑菇。这里的"给"指的是藏原羚的幼崽，如此命名大概是因为藏原羚产崽的时间和这两种蘑菇生长的时间相近。白蘑菇和草地蘑菇是牧区常见的蘑菇，产量很大，但也有大小年之分。大年的话，蘑菇长得好，而一种叫作鸡爪大黄的植物则长得不好，反之，大黄长得好的年份，蘑菇就长得不好。传统上的吃法是

▶ 图 3-13
白蘑菇和黄蘑菇

先将茎掐掉，菌褶也取掉，然后把蘑菇倒放在炉子上面烤，烤好后往倒置的伞盖中加点盐巴、酥油和糌粑，混合在一起吃。

牛肝菌是牛肝菌科和松塔牛肝菌科等真菌的统称，它们的肉质肥厚、味道香甜，是农区的藏族人主要吃的一类蘑菇，可以用来炒菜，也可以切成细丝用来包饺子。牛肝菌的藏语叫"夏注高注"，"夏"的意思是鹿，"高"的意思是藏原羚，"注"指的是肚子。汉族人认为牛肝菌像牛肝，但是在藏族人看来，这种蘑菇无论颜色或形状都更像鹿或藏原羚的肚子。每年藏历八月份是采摘牛肝菌的季节，晚上长出来，隔天清早就要去采，不然很快就会被虫蛀。一旦蘑菇上生了虫子，当地人就不吃了，担心这样做会杀死很多幼小的生命。

羊肚菌的藏语叫"库须虾莫"，意思是杜鹃鸟蘑菇。大部分蘑菇在秋天生长，但是羊肚菌却是长于春天，每年藏历四月杜鹃鸟来到雪域高原的时候，正好也是羊肚菌的生长季节。羊肚菌可以和牛肉一起炖汤，也可以直接炒菜吃，也有些人会把羊肚菌浸泡后生吃。这种蘑菇对海拔的要求不高，它们主要长在柳树林下阳光较少的阴处，只要发现一个就可以继续在周围找到很多个，因为它们往往是一群共同生长。最近 20 年，羊肚菌的价格高涨，当地人就不吃了，而是选择把羊肚菌卖出去赚钱。

松茸也叫松口蘑，藏语名称为"威虾"，意思是"栎树蘑菇"。只有在能够生长栎树的低海拔的森林中才会长松茸，所以牧区没有松茸，只有农区才有。松茸也是一味藏药，对老年人和生病的人有滋补功效。和虫草一样，松茸在过去二三十年间突然受到市场追捧，甚至被誉为"菌种之王"。有人说"虫草是牧区的黄金菌，松茸是农区的黄金菌"，意即虫草和松茸分别是牧区和农区的主要经济来源。

△ 图 3-14　牛肝菌

△ 图 3-15　松茸

▲ 图 3-16　羊肚菌

△ 图 3-17　茶树

茶

　　茶在雪域藏人的日常生活中不可或缺。各家各户，无论贫穷还是富裕，每天都要喝许多茶。这是因为藏族人的饮食结构以高热量高脂肪的食物为主，而茶可以消食去腻，再加上高原上的蔬菜本来就比较少，所以茶的作用就更加重要了。传统上藏族人喝的茶主要有来自四川松潘的东茶、来自四川雅安的南茶、来自云南丽江的西茶、来自西藏山南的上茶。最后一种茶不是来自山茶科山茶属的茶树，而是取自印度和尼泊尔的一种代茶植物，具体是哪一种植物，目前我们并不清楚。

　　青藏高原各地生长有许多不同的代茶植物。青海班玛县的藏雪茶的原料是生长在玛柯河原始森林河谷地带的蔷薇科植物花叶海棠和变叶海棠的嫩叶。还有一种蔷薇科植物叫无尾果，这是雪域高原著名的代茶植物，藏语名叫"乌金蝶加"。"乌金"指的是莲花生大师，"蝶"的意思是伏藏[1]，"加"即茶，这种代茶植物据说是由莲花生大师发现的。茶树一般生长在气候温润的南方，而青藏高原的大部分地区距离茶叶的产地和贸易中心较远，以前对于穷苦人家来说，每天都能喝上茶是一件极其奢侈的事情。莲花生大师来到西藏后发现了人们喝茶的难处，于是他辨认出来这种蔷薇科植物，并教会人们用这种植物的叶子来制茶。因为茶叶稀少，过去人们会一次性将大量茶叶放到一个大锅里浸泡发酵，每次需要的时候再从中取一勺放到茶壶里煮。

▽ 图 3-18　花叶海棠

_____

1　伏藏，藏传佛教的特定术语，指的是将宝贵的佛教教义、经典、法器、经卷等物品以一种特殊的方式埋藏或封存在地下、山洞、寺庙等地，以便未来的某个时候可以被重新发现和使用。

△ 图 3-19　无尾果

茶可以用来做酥油茶、甜茶、奶茶、黑茶、汤茶或泡茶。酥油茶主要是卫藏和康巴地区，特别是农区的喝法，会往茶中添加酥油和盐巴。甜茶主要流行于拉萨，以前用来煮甜茶的糖是甘草的根。奶茶是大部分牧区常见的喝法，直接把牛奶、水和茶叶混合在一起煮开。黑茶不放牛奶，只是用茶叶煮水，适合吃肉的时候喝来解腻。汤茶的营养价值最高，里面会放点糌粑、肉豆蔻、姜或当归等，主要是老人们喝。泡茶则是直接往自己的碗里放点茶叶，倒入开水浸泡一会后直接喝。

生活在牧区的人们把吃饭称作饮茶，传统上人们每天要饮七次茶，这种习惯在很多地方仍在延续。

（1）睡茶（"尼甲"）或晨茶（"投甲"）：这是清晨5—6点天还没亮之前喝的茶，主要是老人们喝，这时候年轻人们大多还没有醒来。晨茶喝的一般是汤茶。

（2）早茶（"囊甲"）：这是早上7—8点间喝的茶，此时太阳已经出来，家中的男女老少都起床了，大家围坐在炉子旁一起喝奶茶，也会吃点糌粑或酸奶，白天需要出去干活的人会吃得多些。

（3）上午茶（"周甲"）：这是上午10点左右喝的茶，此时人们刚把牦牛都赶上山去，回到帐篷里喝点奶茶，稍事休息。

（4）中午茶（"贡甲"）：这是中午12点—1点之间喝的茶，这时候家里人不齐全，不少都在外面干活。留在家里的人会吃午餐，以前肉吃得比较多，现在很多家庭都会炒菜做饭吃。

（5）下午茶（"其甲"）：这是下午3—4点间喝的茶，这时候上午的活都干完了，大家聚在一起放松休息，喝茶聊天。夏天天气好的话，人们喜欢坐在草地上喝茶。吃完下午茶后就会开始准备傍晚茶。

（6）傍晚茶（"共甲"）：这是下午6—7点喝的茶，此时天还没完全黑，在山上放羊放牦牛的人回到了家里，出门干活的人也回来了。这是家里人最全的时候，大家会吃得比较多一点，也会吃得比较好些。吃完之后就开始去拴牦牛、挤牛奶，一天最后的忙碌。

（7）夜晚茶（"如甲"）：差不多到了晚上9点又开始喝夜晚茶。大家聚在一起聊天，交换白天获得的信息，也会到邻居家串门。老人们会给小孩子讲故事，许多传统文化的传承就发生在这个时候。

蕨麻

蕨麻是蔷薇科委陵菜属的多年生草本植物，主要生长在高海拔的牧区，在海拔3500米以下少见。这是雪域高原上最有名的一种野菜，其根部膨大，富含淀粉，在市场上被誉为"人参果"。蕨麻每年可以采挖两次，一次是当年秋天土壤结冻之前，另一次是在翌年春天土壤解冻之后。秋天的蕨麻呈深褐色，味道甜，春天的蕨麻偏灰色，味道不是很甜。春天的蕨麻晒干后很硬，而秋天的蕨麻没有那么硬。人们

青藏高原的植物

▲ 图 3-20　蕨麻

△ 图 3-21　晒干的蕨麻

更加喜欢秋天的蕨麻，其价格甚至可以比春天的蕨麻高上一倍。比起细长形的蕨麻，偏圆形的胖胖的蕨麻更加受人喜欢。蕨麻经常生长在牛圈周围，牛羊多的地方，蕨麻也多。

有一种营地下生活的啮齿类动物叫作中华鼢鼠（*Myospalax fontanieri*），它们会在冬天到来之前在洞穴中储藏大量蕨麻。民间传说鼢鼠有九个仓库，其中五个装满蕨麻，另外四个用于保存草料，每个大仓库中可能有三四斤蕨麻。有经验的人只需用棍子敲打地面，光听声音就可以寻找鼢鼠的仓库，这样不用多少辛苦，一下子就可以收获很多蕨麻。尽管如此，大多数人一般都不会这么做，尤其是在秋天，这是因为如果人们把鼢鼠好不容易储藏起来的食物抢走，到了冬天鼢鼠没有吃的就会饿死。春天的话稍微好些，因为那时候地已经松了，植物生长出来了，所以不用担心鼢鼠找不到吃的。

蕨麻的藏语叫"卓玛"，或"卡卓"，即感谢的意思。过去素食者的主要食物就是蕨麻，婚礼上给宾客呈上的第一道食物往往也是蕨麻。传统的做法是先放把蕨麻在水里慢炖，煮好后盛在碗里，加入酥油和白糖一起吃，也可以和酸奶或者米饭一起吃。那种吃起来有点巧克力味道的藏式点心的主要成分也是蕨麻。蕨麻被认为是一种象征平等吉祥的食物。在由于冰雹、霜降或下雪导致农田歉收的年份，秋天的蕨麻反而长得更好，人们不用愁找不到吃的，人们相信这是蕨麻在帮助人类。所以，藏族有句俗语，意思是年份不好的时候蕨麻到处都是。

高原荨麻

高原荨麻的茎叶上带有刺毛，用手触摸会有蜇刺的灼痛感，据说这是由于其细刺中携带有蚁酸所致，用碱性的肥皂水冲洗可以起到中和的效果。据说这种植物是公元 11 世纪著名的密宗修行大师米拉日巴隐居山洞时所吃的主要食物，可以用来做汤或炒菜，也可以晒干后

△ 图 3-22 高原荨麻

泡茶喝。传统上很多藏族人会在采摘荨麻前轻声念叨"荨麻荨麻，我俩是好朋友，不要放狗来咬我"。也有人说，先取一把灌木枝条击打荨麻，或者往上面倒些水，再去摘就不会感到扎手。

藜和其他可食用野菜

藜是青藏高原上常见的一种野菜，无论是在高海拔还是低海拔地区，无论是在牧区还是农区，都可以找到。藜有很多种，大多生长在山底下的牛圈周围，土壤比较疏松的地方。人们经常吃的主要是小藜和平卧藜这两种。在它们开花之前，茎和叶都可以食用，但是开花以后茎就变硬了没法吃。采摘回来后，可以炒菜吃，可以和蒜、盐凉拌吃，也可以用来炖粥做成汤喝，或者用来包饺子。

其他可以食用的常见野菜包括荠菜、山芥叶蔊菜、独行菜、野葵、微孔草、葵花大蓟和蒲公英等。有些野菜有毒，乌头属和大戟属的植物尤其要小心，很多都带毒。有一种茄科植物叫山莨菪，在雪域高原很多地方都有分布，它们看起来很像是可以吃的野菜，但实际上是一种对人有毒的植物，需要非常小心。判断某种植物是否可以食用的一种简便的办法是观察牛羊的行为。牛羊是与人比较接近的哺乳动物，如果生长在某种植物周边的其他植物都被牛羊啃食，唯独这种植物牛羊没有动过，那就说明这种植物可能对牛羊有毒，人也不可轻易食之。

△ 图 3-23　小藜和平卧藜

△ 图 3-24　甘青乌头

第四章
药用植物

　　世代生活在雪域高原的藏族人民在与各种疾病进行斗争的过程中积累了十分丰富的经验，从而发展形成了独具特色的藏医药学体系。藏医使用的药物基本上可以分为植物药、动物药、矿物药，其中以植物药占绝大多数。青藏高原的许多植物的根、茎、叶、花、果及树皮都可以用来入药，特别是来自菊科、豆科、毛茛科、龙胆科、蔷薇科、罂粟科、十字花科、百合科等的植物。有的药用植物是由野生动物首先发现，人们通过观察动物行为而习得的；有的药用植物是从周边地区的医学成就中借鉴而来的；有的是从雪域高原本土文化数千年的经验中传承下来的；还有的是普通农牧民在日常生产生活中发现的民间土方。

　　相传公元8世纪，藏医学最杰出的代表人物宇妥·云丹贡布向医生提出了九种医德要求，其中有一条便是要珍惜并爱护药物。为了保护药用植物，藏医对于如何采摘、何时采摘、谁来采摘都有严格的规定，加之雪域高原的人口稀少，对药材的需求量不高，因此数千年来雪域高原的药用植物得以可持续利用。然而，如今很多药用植物变成了摇钱树，经由贸易销往庞大市场，对利益的追逐使得部分人群采用不合理的方式滥采乱挖，这已经对青藏高原的珍稀药用植物构成了不容忽视的威胁。

大花红景天

  大花红景天的根是预防高原反应最好的一种药。将根挖出来后，去皮切成薄片，晒干后存放在干燥的地方，需要的时候可以泡水喝，也可以磨成粉直接吃，或者和肉一起炖汤喝。在来到青藏高原之前或者来了之后都可以继续喝。藏医认为它还是一种特别好的预防和治疗肺病的药物。

  但现在市场上卖的红景天大部分不是来自大花红景天，而是来自狭叶红景天或喜马红景天，它们的效果远不如大花红景天。狭叶红景天和喜马红景天生长在海拔较低的地方，根部大，容易采挖，而大花红景天一般生长在海拔接近 5000 米的流石滩、沟坡及石缝中，很不好挖。不仅如此，大花红景天的根很小，只有长到十多年的老的大花红景天才会有比较大的根。因此，市面上不容易买到真正的大花红景天。

▽▷ 图 4-1
大花红景天（下图）、狭叶红景天（右上图）和喜马红景天（右下图）

青藏高原的植物

由于过度采挖，青藏高原各地的大花红景天资源已经受到了严重破坏，亟待保护，包括大花红景天和喜马红景天在内的多种红景天属植物已经被列为国家二级重点保护野生植物。

贝母

药材中所谓"贝母"指的是百合科贝母属植物的干燥鳞茎，呈卵圆形，光滑，形如珍珠。雪域高原上有很多种贝母，市场上卖得比较贵的是暗紫贝母。这是一种多年生草本植物，一般可以连续生长三年，第一年只长一片叶子，第二年长四片叶子，到了第三年才开花，开完花后就死了。第一年的植株叫"比界"（舌头贝母），第二年叫"比素"（爪子贝母），第三年叫"比盒"（盒子贝母）。每一年的鳞茎的形态都不一样，第三年的贝母看起来最大，有手指头那么大，但是其药用价值最差，价格最低；而第一年的贝母尽管看起来小，但是药用价值最佳，价格最高。贝母的药效广泛，对于骨头、肌肉、血管、皮肤、神经、肺结核、头痛等疾病都有疗效。

藏族人说，贝母就像是药师佛的化身，它是为了帮助众生解除病痛而来到这个世界，所以贝母也被誉为"地下的白珍珠"。

一棵植株下面只有一粒贝母，从土壤中挖出来后，上面的泥巴不能擦，一旦擦掉贝母粒很快就会干掉，所以要连同泥土一起带回来。天气比较晴朗的时候，把贝母放在手上揉，将土去掉，千万不能用水洗。然后放在太阳下晒干，小心不能淋雨。若天气不好，最好取一些新鲜的土壤，把贝母保存两三天，待天气好转的时候再拿出来晒干。贝母如果淋湿的话，颜色就会从白色变成黄色乃至黑蓝色，其药用价值也会下降。只有晒干后洁白的贝母，价格才高。

很多藏药的配方中都要用到贝母。如果肺不好的话，可以把贝母磨成粉，温水入服，也可以放在茶杯里加点冰糖和橘子皮或干燥的大

▶ 图4-2　暗紫贝母

花龙胆一起泡水喝。还有一种吃法是将梨子切成两半，中间挖个孔，把贝母放其中，然后把两半梨子包起来放到蒸笼里蒸，尽量不让里面的水流出来。蒸好后取出来喝梨汤，整个梨子也可以吃，非常美味。

冬虫夏草

冬虫夏草是冬虫夏草菌寄生在蝙蝠蛾科昆虫幼虫上的子座及幼虫的尸体的复合体，被认为具有补肾益肺等诸多功效。传统上人们会把冬虫夏草和樱草杜鹃、黑蕊虎耳草的花，以及螃蟹甲的根放在一起，磨成粉，加上蜂蜜，做成药丸吃，这被认为是一种滋补身体的良药。但是在过去除了个别老人外，普通人很少吃虫草。其中一个原因是，人们认为这是一种虫子，它在冬天是活的，到了夏天头上长出菌丝后

▲▽ 图 4-3　冬虫夏草

才死亡，因此人们在心理上难以接受吃虫子这件事。

　　过去，冬虫夏草的数量特别多，每年藏历四月医生会带学生去挖，十几个学生一天就能够挖到一年所需的虫草。到了 20 世纪 90 年代初，开始有人采挖虫草来卖。在青海果洛州久治县，1994 年虫草生意刚兴起时，一根虫草差不多值两毛钱，后来慢慢涨到一块钱，等虫草价格涨到五块钱的时候，很多人都觉得这件事情太不正常了，一些大家族以及家里有僧人的都不挖了。但是到了 2005、2006 年的时候，大家又都开始挖了。尤其是在 2007 年前后，虫草的价格突然涨到了十多块钱一根，人们预期奥运会期间虫草的消费会大幅上涨，所以很多人借钱收购囤积了大量虫草。出乎意料的是，2008 年虫草的价格不升反降，而且价格下降得特别厉害，很多人因此亏了不少钱。2009 年以后，虫草的价格又开始不断上升，直到 2016 年后价格才没有太大波动。最近几年，在果洛地区，最好的虫草一根差不多可以卖到 70—80 元，最差的 10 块钱左右。与此同时，虫草的产量逐年下降，以前一个人一天挖上两三百根很正常，现在一天能挖到 30 根就已经非常不错了，有的甚至连一根都挖不到。

　　冬虫夏草给雪域高原带来的影响有利有弊。一方面，一些懂得规划或者会做生意的人，通过虫草经济富裕起来了，生活条件发生了翻天覆地的变化。另一方面，很多人把全家每年所需的花销都依赖在两个月挖虫草的所得上，他们不想再放牦牛，甚至连山上的其他药材都不去挖了，亲戚朋友间原本亲密和谐的关系受到了破坏，传统的生产生活方式也在发生剧烈变化。

手参

　　手参是一种兰科植物，因其地下块茎肉质肥厚，呈指状分裂，形同手掌而得名，是雪域高原上一种著名的药用植物。据说手参和贝母一样，也是在药师佛的加持下才生长于人间，后来由于人类的福报减少，手参的质量就变得参差不齐。长得好的手参有五个甚至六个手指头，这种叫金刚手参，十分罕见；长得不好的手参只有一两个手指头，叫铁让[1]手参，没有多大的药用价值。挖手参时需要先用五个指头把手参植株压在下面，然后再开始挖，人们认为不这样做的话，有的手参指头就会偷偷溜掉。

　　每年公历的八九月份是挖手参的季节。把手参从土壤中挖出来后，要先把泥土洗净，然后放在太阳下晒干。手参可以和牛骨头一起炖汤喝，也可以配合其他药材加水慢炖，或者放在两岁小牛的母亲产的牛奶中慢慢地熬，直到牛奶都被手参吸收进去，再取出来晒干。需要的时候可以直接干吃，也可以泡水喝。

草玉梅

　　毛茛科银莲花属的植物草玉梅，当被毒蛇高原蝮咬伤后，是一种比较容易获得的救命良方。高原蝮（*Gloydius strauchii*）青藏高原上一种常见的毒蛇，一般出没于阳坡山脚下的灌丛或乱石堆，夏天雨后天晴，常常数十条集聚在石头上晒太阳。自古以来，被高原蝮咬伤的事故特别多发。被高原蝮咬后，伤口立马就会红肿，先需要仔细检查是否有蛇的牙齿留在伤口上，如果有必须马上拔掉。如果可以找到水的话，要尽量多喝水。接着，在附近的草地上寻找草玉梅，这是一种

---

[1]　民间流传的一种非人米玛隐，也叫作独脚鬼。

△ ▷ 图 4-5
草玉梅和高原蝮

夏天5—8月份常见的植物，花瓣白色，花茎很长，很容易辨认。找到草玉梅后，抓下来一大把叶子，放到嘴里咀嚼，然后吐出来贴在伤口处。草玉梅的叶子特别辣，所以如果不是特别着急的话，可以找来两块石头，抓一把叶子放在其中一块石头上，用另一块石头将叶子碾碎。敷上草玉梅叶片后基本上可以解毒，即使不行，也可以争取更多时间到医院进行治疗。

草玉梅也叫"马茶"。过去人们会采集大量叶片放到大锅中煮，然后盖住发酵，放置十多天后再打开看，等到叶子都变成了棕褐色或黑色时，把叶子取出晒干。到了冬天天气特别冷的时候，可以用晒干的草玉梅叶子煮水给马喝。用这种叶子煮出来的水就像是辣椒水一样，马喝完后体温升高，这样就容易熬过漫漫寒冬。

陇蜀杜鹃

　　陇蜀杜鹃是一种可以长到 3 米高的大型杜鹃，它们的叶片自然脱落后掉到地上会自己卷起来。有些人稍微吃一点甜品就会感到牙痛、头痛或者鼻子痛，藏族人认为这是一种由寄生虫引发的虫疾，而对付虫疾的一种良药就是陇蜀杜鹃的叶片。也有的人会专门从树上摘下来

▽ ▷ 图 4-6　陇蜀杜鹃

新鲜的叶片，然后像卷香烟一样把叶片卷起来，晒干后当烟抽。现在在雪域高原的一些地方，有人把陇蜀杜鹃叶片做成的卷烟当作商品来卖。过去一些老人家会准备这种东西，村里有人需要时就会来找他们要几根回去抽。采集陇蜀杜鹃需要特别小心，因为棕熊喜欢吃陇蜀杜鹃的叶子和树皮，它们也喜欢在茂密的杜鹃丛中睡觉。

山生柳

　　山生柳是杨柳科柳属一类植物的统称，在雪域高原很常见，一般生长在阴坡。常见的物种有山生柳和青山生柳。如果上火嘴巴上起水泡，可以摘一小段山生柳的树枝，放在火上烫一烫，然后靠近嘴上的水泡烫一会儿，等凉了之后再继续热，继续烫。数次之后水泡很快就会消失。

▽ 图4-7　山生柳

西藏风毛菊和蒲公英

　　西藏风毛菊是雪域高原上广泛分布的一种多年生草本植物，一般生长在高山上岩石边的草地上，在低海拔处比较少见。它们的叶子细长，有点像牧草，味道特别苦。很多人会采摘西藏风毛菊的叶子放在布袋中风干。平常吃油过多不易消化时，可以拿一点西藏风毛菊的干叶子泡热水喝，只需稍微喝点就能快速消除肠道中的油脂。

▷ 图 4-8

西藏风毛菊和蒲公英

蒲公英是民间常用到的一种药用植物，不仅可以帮助消化，而且用来泡水喝对关节很有好处。青海果洛民间把蒲公英叫作"阿意古古"，同样的称呼也出现在拉达克、西藏阿里以及四川德格等地。类似的，果洛人把岩鸽（*Columba rupestris*）叫作"木各"，在阿里和德格人们也是如此称呼岩鸽。从这些动植物的名称中，或许我们可以窥见往昔人类迁徙的路径和不同族群之间的联系。

桃儿七

小檗科的桃儿七主要生长在海拔2200—4300米的林下、林缘湿地、灌丛或草丛中，是一种名贵的药材，主要用于治疗肾脏及妇科疾病。桃儿七的花朵呈粉红色，花先于叶开放，十分艳丽，果实成熟时为桔红色，有些人将其当作水果食用。由于过度采掘，桃儿七的自然种群数量急剧下降，《濒危野生动植物种国际贸易公约》（CITES）已

▽ 图4-9　桃儿七

经将其列为附录二物种，对这种植物的国际贸易进行严格管理。2021年9月正式颁布的《国家重点保护野生植物名录》将桃儿七列为国家二级重点保护植物。

狼毒

中文学名叫作"狼毒"的植物属于瑞香科狼毒属，在雪域高原主要被用于制作藏纸，也可以用来治疗皮肤瘙痒，但是并没有这种植物对狼有毒的说法。

藏药中确实有一种叫作"将毒巴"的植物，直译即"狼毒"，中文学名叫作粗距翠雀花，是一种开着蓝色花瓣的多年生草本植物，生长在高海拔山地的多石砾草坡，属于毛茛科翠雀属，据说狼如果不慎吃了这种植物会产生毒性反应，这才是名副其实的狼毒。

▽ 图4-10 狼毒

图 4-11　粗距翠雀花

动物发现的植物药

据说，曾经山上有一位修行者偶然发现了一只藏雪鸡（*Tetraogallus tibetanus*）的窝，里面有一枚蛋出现了不小的裂纹，修行者心想这蛋应该很快就要孵化了。过了几天他再去看时，发现窝里没有小鸟，那枚蛋上的裂纹也消失不见了。他感到很奇怪，怀疑是不是自己看错了，回到家中写字的时候，他突发奇想，趁着藏雪鸡妈妈不在时将那枚蛋取出，在上面描画了十分逼真的裂纹，然后再放回去。第二天，他再去观察时，发现那只藏雪鸡在那枚蛋上面覆盖了不少某种龙胆科植物的花朵，他猜想或许藏雪鸡正是利用这种植物来修复蛋的裂纹。

◀△ 图 4-12　乌奴龙胆和藏雪鸡

于是，他偷偷地把那些花拿走，然后躲在暗中观察，藏雪鸡发现蛋上的花不见了之后，非常着急地到附近又取回来很多这种植物的花放到鸟窝中。直到修行者擦掉了蛋上的花纹，藏雪鸡这才安下心来。修行者推断这种植物可以帮助修复受伤的骨头，后来他用这种植物做了一个药，果然对于治疗骨头摔伤有奇效，这种植物便是乌奴龙胆。

据说，藏药中有20种植物的药用价值首先是由野生动物发现的。除了藏雪鸡发现的乌奴龙胆外，还有：野猪发现的川西合耳菊、猫头鹰发现的镰荚棘豆、麝发现的叠裂黄堇、旱獭发现的四裂红景天、猴子发现的甘青乌头、蛇发现的云南黄耆、高山兀鹫发现的拟耧斗菜、鹿发现的空桶参、云雀发现的青海苜蓿、胡兀鹫发现的牛耳风毛菊、

△ 图 4-13　猫头鹰和镰荚棘豆

△ 图 4-14　旱獭和四裂红景天

△ 图 4-15　胡兀鹫和牛耳风毛菊

△ 图 4-16　白马鸡和小叶猪殃殃

△ 图 4-17　渡鸦和唐古红景天

△ 图 4-18　狼和紫斑洼瓣花

鱼发现的褐毛橐吾、渡鸦发现的唐古红景天、白马鸡发现的小叶猪　　△ 图4-19　兰香草
殃殃、狼发现的紫斑洼瓣花、天鹅发现的蒲公英、黑熊发现的毛果
婆婆纳、老虎发现的垂头虎耳草、兀鹫发现的瓦韦等。

动物药的替代植物

　　藏药中有很多动物药，而且有些动物药的药用价值特别高，比如
麝香、黑熊胆和牛黄。一般情况下，藏医不会专门为了做药而去猎杀
野生动物。过去藏医使用的动物药基本上都是从山上捡的自然或意外
死亡的动物尸体，或者是病人自己带过来的。但是，对于那些非常珍

贵的或者需求量巨大的药，确实有人会专门去狩猎，因此会对动物造成伤害。为了避免伤害生命，就需要寻找可以替代动物药的植物。

将兰香草、囊距翠雀花和水母雪兔子这三种植物按一定比例组合，经过一系列加工后所得就可以作为麝香的替代药。

兰香草生长在低海拔山谷中阳光充足的地方，开蓝色的花。形态与之相似的花有好几种，但是兰香草的味道浓郁，因此容易与其他相似种区分。囊距翠雀花生长在海拔 4500—5000 米处的砾石滩，这种植物十分稀少，如果找不到的话，还可以用其他常见植物来代替，比如皱叶毛建草或高河菜。

将毛果婆婆纳或光果婆婆纳与其他动物的胆（比如某种家畜的胆）放在一起，经过特殊的工序加工后，可以做成黑熊胆的替代物。这两种植物的藏语名称都叫"杜纳董赤"，直译即黑熊胆。这两种植物尽管数量不多，但分布很广，常见于河边和沙滩，也有的生长在黑土滩上。

天然牛黄来自黄牛或牦牛胆囊中的结石，其替代植物是管状长花马先蒿。这是一种主要在秋天生长的马先蒿，长在河边，花朵绽放时一片黄色，甚是好看。山上长的和河边长的管状长花马先蒿的药效不同，藏医认为只有长在河边的那种才可以用作牛黄的替代物。也有些人把管状长花马先蒿作为一种代茶植物。

螃蟹是藏药中需求量巨大的一种药材，可以用三裂碱毛茛和紫花碎米荠混合在一起制作其替代物。毛茛科的三裂碱毛茛主要生长在海拔 3000—5000 米的盐碱性湿草地，高原上的很多水鸟，比如斑头雁和赤麻鸭，都会取食这种植物。十字花科碎米荠属的紫花碎米荠常见于有鼠兔活动的黑土滩，在沙化比较严重的草场上比较多。

▲ 图 4-20　光果婆婆纳和毛果婆婆纳

△ 图 4-21　管状长花马先蒿

△ 图 4-22　三裂碱毛茛和紫花碎米荠

第五章
植物和物候

万事万物应节候而周期性变化，生活在雪域高原的人们经过长期观察野生动植物的活动规律，以及一年中特定时节出现的气象特征，逐渐总结出了具有地方特色的自然历法，用于指导生产和生活。然而，随着全球气候变化，不少传统物候知识似乎已经不再适用，今天它们更像一面镜子，映照出当下青藏高原的生态环境正在发生的剧烈变化。

宁蒗龙胆

在青藏高原的很多地方，龙胆科的宁蒗龙胆是每年春天最早绽放的花朵，这种花的出现意味着春天已经到来。第一次看到宁蒗龙胆的时候，人们都会随手摘下一朵花，把它撒向空中献给诸佛菩萨，然后再摘一朵放进嘴里吃。春天是感冒频发的季节，人们认为如果能够在初春吃到宁蒗龙胆的话，就不容易得感冒。宁蒗龙胆的藏语名叫"欧那期"，"欧"的意思是前面，"期"的意思是后面，"欧那期"指的是"前或后"。这种一年生的龙胆除了在春天开放，有的也会等到秋天才绽放。因为最早开的花是它，最晚开的花也是它，所以才管这种植

△ 图5-1　宁蒗龙胆

物叫作"前或后"。

　　民间有这样的故事：宁蒗龙胆总是急不可耐地想要长大开花，它在土壤里待得不耐烦，心想夏天应该已经到来，它该出去了，然后它就探出头来，可是四处张望却发现周围其他花都还没有盛开，于是它又把头缩了回去。等过了一阵子，它觉得时候应该到了，再冒出头来，却发现四周所有的花都已经凋谢了。有些人去参加寺院法会，不是去得太早，就是去得太迟，对于这种人，人们就会嘲笑道："你怎么就跟宁蒗龙胆一副德行啊！"

束花粉报春

　　束花粉报春是生长在沼泽草甸和水边的一种报春花科的植物。这种植物在民间有许多不同的名字，其中最广为人知的一个叫"亚莫唐巴"。安多雪域高原的大部分地区，包括现在的青海海北、海西、海南、海东和黄南一带，在历史上曾经被称为"康亚莫唐"，"康"的意思是边缘，"亚莫唐"即束花粉报春，因为这种花在这一区域非常普遍，它们绽放的时候，到处一片粉红色，特别显眼，故以之命名。

　　很多地方也把束花粉报春叫作"门住梅朵"，"门住"指的是二十八星宿中的昴宿星。昴宿星在藏族传统星算学中占有非常重要的位置。如果在野外迷失了方向，依靠太阳或月亮来辨别方向并不完全靠谱，只有昴宿星每天都会从同一个位置升起，可以作为识别方向的标准。不过在民间，昴宿星是人们最不喜欢的星宿之一。每年春天束

▼ 图 5-2　束花粉报春

花粉报春开放之时，正好也是昴宿星消失之时。昴宿星一走，牛羊就不会再饿死了，但到了藏历五月份，昴宿星就又回来了，天一黑它就出现在东边高山的垭口上。昴宿星再次归来的这头七天，天气特别寒冷，这段时间被称为"牛月母牛哆嗦季"。一个月的每一天都有不同的星宿轮值，在昴宿星当值的那一天死亡被认为是不吉祥的。有句谚语叫"门住拉卡，莫卓丘卡"，意思是昴宿星在垭口，农耕的犏牛在水边。这是因为昴宿星出现在西边垭口时，农民差不多已经把地耕种完了，不再需要使用犏牛来劳作了，所以可以把犏牛放到河边喝水休息。

束花粉报春还有一个藏语名字叫"欧未纳查"，意思是黑耳鸢的鼻血。这种花开放的时间刚好也是黑耳鸢（*Milvus lineatus*）来到雪域高原的时间。人们说，黑耳鸢来到雪域高原后，因为它们的鼻血掉到地上，所以地面上才长出来束花粉报春。第一次看到这种花的时候，要把它们的花瓣掐下来吃，这样就不容易得一种叫作"卡内"的病。束花粉报春的另一个好听的藏语名字叫"鲁谷梅朵"，意思是羊羔花，因为这种花开放的时候正好也是母羊生小羊的季节了。以前当牧民看到这朵花的时候，就会开始把两岁的小牛和母牛分开养，让小

◀ 图5-3　黑耳鸢

牛断奶。不过，虫草经济的兴起使得束花粉报春预示的含义正在发生变化，现在很多人看到这种花，不禁想到的是又一年的虫草季到了。

锐果鸢尾

鸢尾科的锐果鸢尾通常生长在高山草地和向阳的山坡草丛中，花朵呈蓝紫色。它们开放的时间正好是大杜鹃鸟来到雪域高原的时间，非常之准。民间形容两件事情总是稳稳当当地共同发生时，就会说它们之间的关系就如同锐果鸢尾和大杜鹃鸟的关系一般。大杜鹃鸟是藏族人都非常喜欢的一种鸟，每年藏历四月份，一听到大杜鹃鸟的声音"布谷 …… 布谷 ……"，天气就开始转暖，农民可以开始种地了，牛羊熬过了春乏期，牛奶也开始多起来了，一年中最幸福的时光到了。

▼ 图 5-4 锐果鸢尾

△ 图 5-5　大杜鹃鸟

△ 图 5-6　星状雪兔子

星状雪兔子

星状雪兔子是菊科风毛菊属的一种莲座状的草本植物。民间管它叫作"咋挂"，意思是遮挡草，即不让草生长出来。星状雪兔子大概在每年藏历七月中旬开放，这种花开了之后，禾本科的牧草就不再生长了。所以，牧民评价今年的草长得好不好，一个主要的观察对象就是星状雪兔子。在星状雪兔子出现之时，倘若冬季草场的牧草长得还不够高、不够多，牧民就会担心今年的草不够牛羊吃，这时就需要未雨绸缪，通过租草场或者购买草料等方式为漫漫寒冬做好准备。

大黄

大黄是多种蓼科大黄属植物的统称，常见的如掌叶大黄、鸡爪大黄、小大黄等。大黄刚从地下生长出来的时候像一个球形，这时候白唇鹿开始长出来鹿茸，鹿茸的大小差不多和这时的大黄一样大。当大黄的叶子张开的时候，白唇鹿的鹿角也开始分叉。当大黄开花的时候，白唇鹿当年的鹿角也长到了最大。到了秋天，当大黄变成橘黄色的时候，白唇鹿的鹿角也开始干枯。这些事情几乎都是在同一个时间发生，以前的猎人就是据此来判断什么时候可以去打鹿获取鹿茸。大黄的根部可入药，是一种重要的藏药。它们的茎和叶可以食用，味道有点像苹果。一些大黄的叶子还可以用来包酥油或肉。除此之外，大黄也可以用来制作绘制唐卡所需的植物性颜料。

△ 图 5-7　掌叶大黄和鸡爪大黄

▲ 图 5-8　红桦和白桦

红桦和白桦

除了大黄以外，另外两种植物——红桦和白桦——也和鹿有关系。白桦比红桦先长出叶子，当白桦的树叶长到叶片上可以放七颗青稞粒的时候，马鹿的鹿角就开始脱落并掉到地上，这时候人们就可以爬到高海拔的山上去寻找鹿角。等到红桦的叶子也长大到叶片上可以放七颗青稞粒的时候，白唇鹿的角也开始掉下来了，这时候就可以到林线一带去寻找白唇鹿的鹿角。马鹿的角比白唇鹿的角大，但在价格上，白唇鹿的角却更贵。这是因为马鹿的角是灰色的，而白唇鹿的角是白色，被认为是吉祥的象征。完整的白唇鹿角很难得，因为鹿角是它们打架的武器，经常在争斗过程中损坏。

叉分蓼和珠芽蓼

叉分蓼是农区和牧区生产活动的一种重要的指示植物。有句谚语意思是说，当叉分蓼像羊一样时，牧民累；当叉分蓼像马一样时，农民累。每年藏历四月份，堆聚丛生的叉分蓼开始绽放白色的花朵，远远看去就像是一只白色绵羊，这时候牧民很辛苦，因为他们要忙着挤奶、做酥油。等到了藏历八月，叉分蓼的叶子和花都变成了黄褐色，就像马的颜色一样，这时候农民就要开始忙碌了，他们要把农田里的杂草拔掉，然后要收割庄稼、打青稞，持续整整一个月。

还有一种常见的蓼科植物叫作珠芽蓼，中文俗名叫作山谷子，在食物不充足的困难时期人们会收集这种植物的种子磨成粉，用来做糌粑吃。

△ ▷ 图 5-9
叉分蓼和珠芽蓼

气候变化

在青海果洛，民间关于一年的十二个月有这样的说法：

藏历一月：鸟月水黑路黑，这个月温度开始回升，冰雪消融，远远望去，河流和道路就好像是白色背景下的黑色线条。

藏历二月：狗月草球白须，这个月草甸上凸起的圆球状地块上开始长出来嵩草，刚长出时有些发白，就像是草球上长出了白色胡须。

藏历三月：猪月山灰地绿，这个月山上尚未长出青草，所以还是灰色的，而平地上已经长出了新草，所以变成了绿色。

藏历四月：鼠月山绿地绿，这个月山坡上也长出草来了，放眼望去一片碧绿。

藏历五月：牛月草疯水疯，这个月草长得特别快，雨水也很多，大大小小的河流都变成了棕红色，沿着河道在草原上肆意流淌，发出巨大的响声，就像是疯了一样。

藏历六月：虎月五彩纷呈，这个月绿色的草原上绽放出了五颜六色的花朵，令人眼花缭乱。

藏历七月：兔月茶莫食涅，这个月青稞长出来了，"涅"的意思是青稞，"茶莫"指的可能是一种花色斑驳的动物，但是现在的老人们也不清楚这究竟是哪一种动物。

藏历八月：龙月树叶风吹，这个月树叶变黄，在风的吹动下，叶子开始掉落。

藏历九月：蛇月尾巴粘冰，这个月的尾巴（下旬）开始结冰。

藏历十月：马月河流结冰，这个月河流都已经冰冻了。

藏历十一月：羊月嘴冻鼻冻，这个月非常寒冷，连人的嘴巴和鼻子都会被冻得发红。

藏历十二月：猴月土裂石裂，这个月是一年四季中最冷的时候，甚至连土地和石头都会被冻得龟裂。

随着全球气候变暖，这些千百年传承下来的本土物候知识已经逐渐不再适用。科学家通过对气象站数据的分析发现，近50年来，三江源气候变化的总体趋势是变暖和变湿。[1]由于各地的地形和水文条件非常复杂，不同地方的气候变化情况可能存在差异。尽管如此，各地牧民对气候变化的感知基本上与科学研究呈现出来的大趋势相一致。

在气温方面，牧民普遍认为现在的夏天比以前热，而冬天没有以前冷。人们引用的证据一般是来自日常生活中的例子。比如："以前冬天把肉放在屋外很快就能够冰冻保存下来，但现在不行了，必须得放在冰箱里。""以前冬天放牧的时候，我们即使穿着厚厚的藏袍都还感到冷，现在连羊皮袄都不必穿了。""大概在我18岁的时候，冬天往地上吐口水马上就结冰了，现在不会了。"

△ 图 5-10 雪山和冰川

---

1 魏加华主编：《三江源生态保护研究报告（2017）水文水资源卷》，社会科学文献出版社，2018年。

图 5-11　雪山和冰川

冰雪消融也是雪域高原各地牧民普遍观察到的一个现象。居住在阿尼玛卿雪山附近的老百姓从 2013 年便开始自发监测雪线。每年的 5 月 15 日和 10 月 25 日前后，他们会组织专人登上阿尼玛卿雪山去记录当年雪线的位置。根据他们的监测结果，从 2013 年至 2018 年的 5 年间，阿尼玛卿的雪线已经上升了 150 多米。其他地方的老百姓也观察到了类似现象，许多曾经终年积雪的山峰如今已经很少有冰雪覆盖。至于降雨，对于长时期（比如过去 20 年）的变化趋势，虽缺乏数据记录，但一些牧民观察到，过去雨季降水比较均匀，然而现在变得很不规律，或者时常有骤雨，或者长期干旱。湿地的变化情况在各地不尽相同，有些地方反映河川水量减少，湖泊及沼泽的数量和面积萎缩，有些地方则发现水量增加。考虑到地面径流量受冰川融水、降雨和地下水补给的影响，这种差异可能是由于各地处在变化的不同阶段所致，也可能是因人们对比的是不同时间节点的情况所致。

雪域高原的植物对于气候的变化非常敏感。在很多地方，随着气候变暖，包括禾本科牧草在内的许多草本植物都长得越来越矮，而像高原柳、鲜卑花、忍冬、杜鹃和沙棘这类木本植物却长得越来越高。有些植物提前开花了，例如龙胆科的很多植物本来应该到了秋天才生长，但是现在有的物种在夏季还没有结束的时候就已经绽放花朵了。采挖虫草的季节也提前了，过去一般是在每年的 5 月 1 日才开始挖虫草，而且那时候虫草还很少，但是现在不少地方到了 4 月 20 日，虫草就已经冒出来不少了。变化最为明显的是蔬菜的种植，在我们非常了解的青海果洛久治县的白玉乡，二三十年前，青稞在这里可以长出叶子但是结不了果，如今不光青稞，连土豆和白菜都可以长得很好。

与此同时，很多野生动物的分布和习性也发生了变化。山噪鹛（*Garrulax davidi*）本来主要栖息于海拔 3500 米以下的山地灌丛和矮树林中，现在在海拔 3800 米的地方都出现了。中华鬣羚（*Capricornis milneedwardsii*）、野猪（*Sus scrofa*）和毛冠鹿（*Elaphodus cephalophus*）等原本主要在低海拔的林区活动的物种，如今在高海拔牧区的很多地方也经常可以见到了。

△ 图 5-12　山噪鹛

△ 图 5-13　中华鬣羚

第六章
米玛隐和植物

在雪域藏人的传统宇宙观中，青藏高原不仅仅是人类和非人类的动物的家园，同时也生活着普通人一般感知不到的各种各样的"米玛隐"。米玛隐的意思是"非人"，指的是一类形貌似人且在人间居住和活动的非人生命。

供奉米玛隐的一种方式是煨桑，通过焚烧植物所产生的香气去除污秽，并将丢入火焰中的青稞、烈酒和绸缎送到山神的世界，转化成他们可以享用的吃喝穿戴或其他物资。任何对人有毒的植物、带刺的植物以及树皮黑色的植物都不能用于煨桑。每年藏历五月初四是全雪域高原最重要的煨桑日。白派的米玛隐是山神，他们是护持宗教和有情众生的"神"；但是也有会伤人害人的黑派的米玛隐，即人们通常所说的"鬼"。对于黑派的米玛隐，会用一些手段和仪式来驱邪避邪，其中也会用到各种植物。

柏树

柏树是所有的白派米玛隐都钟爱的一种植物，在青藏高原的很多地方都有，它们主要生长在比较干燥的阳坡山地。常见的柏树是诸

△ 图 6-1　大果圆柏

如大果圆柏和密枝圆柏一类，这种植物，无论树皮、叶子或者树干都带有香气。有些柏树的树干中心呈红色，这种树散发出来的气味特别芬芳，是制作高级藏香的最佳材料，只是如今这类柏树已经非常罕见了。

西藏巴宜区巴结乡境内的巨柏自然保护区内有一棵世界上最粗的柏树，起码需要 10 个人以上才能环抱。它的直径接近 6 米，高度达50 多米，据说已经有 2000—2500 年之久。

△ 图 6-2　西藏林芝的巨柏

金露梅和银露梅

　　金露梅的藏语叫"飞那"，银露梅叫"飞尕"，二者合称"飞玛"。这两种蔷薇科的植物是雪域高原上特别常见的灌木，不管是在阴坡还是阳坡，不管是在低海拔还是高海拔，几乎到处都能找到这两种煨桑植物，而且它们易燃，气味也很香，所以深得人们喜爱。在牧区，人们日常生活中用到的很多工具也都和这两种植物有关，比如很多牧民家里用来刷锅的工具就是用这两种植物的树枝做成的，酥油灯

△ 图 6-3　金露梅和银露梅

灯芯的原材料也是这两种植物的枝条。人们还会在烧茶壶的壶口插入一小丛金露梅的树枝，防止将茶叶倾倒出来，起到过滤的效果。过去住在黑帐篷里，老人们的床也是用金露梅或银露梅的树枝做的，先在地上铺上厚厚的一层，然后在上面铺牛毛或羊毛做的垫子，或者其他动物的皮子，这样躺上去就像是睡在床垫上一样舒服。寺院里的泥塑佛像，先用这两种植物的树枝搭出佛像的模样，再用泥塑。寺院建筑的外墙顶上经常可以看到一层赭红色的木质结构，这也是用金露梅或银露梅的灌木枝条捆扎、堆垒和染色制成的，起到装饰作用。

▶ 图6-4　酥油灯

▽ 图6-5　寺院外墙

△ 图6-6 鲜卑花

鲜卑花

　　蔷薇科的鲜卑花是柏树之外另一种主要的煨桑植物，这种灌木数量众多，一般生长在海拔 2000—4000 米的高山、溪边或草甸灌丛中，平均高约 1.5 米，有的可以长到 2 米高。

杜鹃花

　　通常所说的杜鹃花指的是杜鹃花科杜鹃属的植物。全世界有1000 余种杜鹃花，而中国约有 542 种，占世界杜鹃花物种总数的

54.2%，其中绝大多数分布于青藏高原及其周边地区[1]。花色缤纷艳丽的野生杜鹃是世界园艺植物的重要来源之一。自 16 世纪开始，以乔治·福雷斯特（George Forrest）、约瑟夫·洛克（Joseph F. Rock）和爱尔勒斯特·亨利·威尔逊（Ernest Henry Wilson）等为代表的西方探险家进入我国西部、西南部及喜马拉雅山地区考察，采集了大量的杜鹃花标本、种子和苗木，其中仅福雷斯特就为英国爱丁堡皇家植物园引种了 250 种杜鹃花新种。[2]

在雪域高原，杜鹃被视为干净和吉祥的象征，藏族有句谚语说：杜鹃虽然长得矮，但是生长在山顶上；杨树虽然长得高，但是生长在厕所旁。

藏族人将杜鹃属植物分为两类：一类是相对来说长得比较高大的"达玛"，比如前文提到的陇蜀杜鹃；另一类是长得比较低矮的"素日"，比如白色的樱草杜鹃、紫蓝色的雪层杜鹃、黄色的淡黄杜鹃和淡紫色的隐蕊杜鹃等。樱草杜鹃是一种重要的煨桑植物。这种杜鹃的气味很香，而且对人没有毒性，花和叶都可以用来泡茶。用樱草杜鹃煮出来的奶茶白中带黄，香气四溢，刚开始可能会感到有点辣，但是喝了一会儿后就会习惯，甚至爱上这种味道。藏医认为这种茶对肺很好。在常见的小型杜鹃中，只有樱草杜鹃的树皮是白色的，其他杜鹃的树皮一般都偏深色。过去雪域高原用木板刻字印刷，如果在板子上雕刻写错了字，人们会把错字挖掉，用樱草杜鹃的树枝制作一个三角形钉子填入孔洞中，然后削平，再在上面刻上正确的字。

1　张长芹、高连明、薛润光等：《中国杜鹃花的保育现状和展望》，《广西科学》2004 年第 11 卷第 4 期。

2　耿玉英、徐凤翔、奚志农：《欧美杜鹃美　源头在中国》，《中国国家地理》2003 年第 3 期。

△ 图 6-7　樱草杜鹃和隐蕊杜鹃

△ 图 6-8　匙叶甘松

甘松

　　败酱科甘松属植物，不仅是受人喜欢的煨桑植物，也是著名的香料植物。甘松的根茎部有浓郁的香味，可以用来提取香料，据说过去印度和尼泊尔就是用这种植物来制作香水。在房子里放一些甘松，可以消除异味，清洁空气。寺院图书馆也会在书架后面放很多甘松，可以防止图书被虫蛀。匙叶甘松的干燥根和茎是著名的藏药，春秋两季皆可采收，但因资源逐年枯竭，如今在很多地方的产量已经很小。

细叶亚菊

　　菊科亚菊属的植物，藏语名叫"坎巴色勾"，意思是黄金头。细叶亚菊是最常见的一种，也是一种深受人们喜欢的煨桑植物。在细叶亚菊绽放的季节，人们把一簇簇黄色的花序摘回来，挂在帐篷杆上晒干，需要的时候摘一小把放到炉子上，瞬间香味充满了整个帐篷。细叶亚菊的黄花干枯后颜色并不会褪去，看起来依然十分鲜艳，冬天人们去看望上师或父母时经常会带点细叶亚菊的干花作为礼物。

青藏高原的植物

△ 图6-9　细叶亚菊

△ 图 6-10　乳白香青

乳白香青

　　菊科香青属的乳白香青的花序呈白色，花瓣透明，气味芬芳，也可用于煨桑。这种植物的茎叶被白色或灰白色棉毛，是上好的引火物。抓一把叶子放在手上搓成毛茸茸的样子，就变成了非常容易燃烧的火绒。过去人们会随身携带打火石或火镰，在野外就会寻找这种植物来生火。如果忘记带打火器的话，在冬天可以找块冰块简单打磨至中间厚两边薄，就像放大镜一样，对着乳白香青的叶子做成的引火物，在阳光的照耀下很容易就能点燃。另一种常见的可以用作引火物

△ 图 6-11 高原兔

的植物叫火绒草，其全株也密布白色的绒毛，这些绒毛可以帮助植物保暖并减少因蒸腾作用而丧失过多的水分。人们还会用乳白香青的干叶子来做火灸，将叶子揉搓成柱状，安置在患处点火烙熨，对于关节痛等疾病有疗效。高原上的一些昆虫会用乳白香青的叶子来做窝。高原兔（*Lepus oiostolus*）特别喜欢吃这种植物，过去猎人偶尔会打猎兔子，他们说高原兔的肉吃起来有乳白香青的味道。

水柏枝

柽柳科水柏枝属的植物在雪域高原的农区和牧区都有分布，常见的比如具鳞水柏枝和匍匐水柏枝，是水神"鲁"喜欢的煨桑植物。它们主要生长在河滩上，藏历四月份鲜花盛开的时节，河岸边一片紫红色，甚是好看。水柏枝的树根和甘草的根一样，可以用来制作牙刷。

△ 图 6-12　具鳞水柏枝

有些人也会把它们的树枝当作口香糖吃，先咀嚼，再漱口，可以起到清洁口腔的作用。

甘蒙柽柳

柽柳科的甘蒙柽柳，是专门用来供奉"赞"系山神的一种煨桑植物。人们会在脖子上佩戴柽柳枝做成的护身挂饰，也会在帐篷门上挂一根 20—30 厘米长的栗红色的柽柳树枝，保护人们免受山神的伤害。

图 6-13　甘蒙柽柳

第六章　米玛隐和植物

石枣子

石枣子是卫矛科的一种灌木，通常生长在低海拔的山地林缘或灌丛中，是供奉"鲁"的煨桑植物。人们或把石枣子的树枝砍下来，带回家挂在门上，或者插在居所附近的水源地，或把石枣子的干树枝或叶片磨成粉混入牛奶中使用，保护自己免受伤害。

△ 图 6-14　石枣子

苞叶雪莲

菊科风毛菊属的苞叶雪莲一般生长在高海拔的山坡多石处或流石滩，这是一种专门用来供奉"煞"的植物。苞叶雪莲一般有6—15个头状花序在茎端密集成球形的总花序，外面包裹着多层苞片。苞叶雪莲的毒性很大，一般不能随意采摘。

△ 图 6-15　苞叶雪莲

第七章
放牧和植物

　　青藏高原的草原生态系统为人类社会提供了多样的价值。从生产生活的角度看，草原是畜牧业的物质基础，是牧民及其家畜的家园，通过放牧活动，草原为人类提供了奶、肉、毛、皮等畜产品，以及用作燃料的牛粪；从生态和生物多样性保护的角度看，草原不但具有固碳释氧、涵养水源、调节气候的功能，而且为众多野生动植物，尤其

▼ 图7-1
青海年保玉则的牧民

△ 图 7-2　青海年保玉则的牧民

是不少珍稀濒危物种，提供了生存和繁衍的栖息地；从文化的角度看，草原是藏族传统游牧文化和民间习俗的载体，如果没有了草原，也就没有了游牧文化。

牧草分类

藏族有句谚语，"黑头靠黑毛，黑毛靠地毛"，意思是说，黑头发的人类离不开黑色的牦牛，黑色的牦牛离不开大地的毛。所谓"大地的毛"，即地上长出来的牧草。在藏族传统的植物分类体系中，牧草被统称为"杂"，它们基本上都来自禾本科、莎草科和灯心草科。据我们所知，藏文文献中关于牧草的资料非常匮乏。一个主要原因是

"杂"中几乎没有多少对人类有价值的药用植物，因此，藏族医生和学者对"杂"不甚关注。但是，如果因此就认为藏族人对牧草和草原不了解，那就错了。事实上，雪域高原民间有很多关于"杂"的口传文化，只是这些内容一直以来都没有落到文字上。

在禾本科众多植物当中，牧民比较喜欢的是碱茅属和早熟禾属的植物，这两个属的牧草的营养价值很高，牛羊不但能吃饱，而且轻易不会得病。至于披碱草属、鹅观草属和羊茅属的牧草，看起来长得很高，实际上营养不足，而且以这几类草为优势种的草地很容易退化成黑土滩。莎草科的很多植物尽管长得不高，但是在牧民看来，它们的营养价值却是最高的。有一种莎草叫双柱头藨草，主要长在气候寒冷的高海拔地区，类似可可西里和羌塘这种地方。这种草因为长得实在太矮，牛羊咬不到，只好用舌头来舔，所以人们也把这种牧草称作"舔草"。莎草科中的嵩草，不仅牛羊爱吃，像赤麻鸭、黑颈鹤和藏雪鸡这些鸟类也会取食它们伸入地下的白色根状茎，牧民在山上饿了，有时候也会拔嵩草的白茎来吃，吃起来有点牛奶的味道，所以人

▽ 图 7-3

无芒雀麦（禾本科牧草）

△ 图7-4　甘肃薹草（莎草科牧草）

▼ 图7-5　葱状灯心草（灯心草科牧草）

们也把嵩草属植物叫作"卓莫努杂"，意思是母犏牛的奶草。灯心草科的植物生长在比较潮湿的环境中，营养价值高，是牦牛喜欢的牧草，藏语称为"牛奶草"。

根据生长地点的不同，传统上人们将牧草分为"那杂""邦杂"和"利杂"。"那杂"是生长在湿地上的草，主要是莎草科和灯心草科的植物；"邦杂"长在比较干而陡的地方，很多是禾本科碱茅属植物；"利杂"生长在牧民帐篷附近牲畜早晚活动的地方，主要是禾本科披碱草属的老芒麦和披碱草。不同的自然条件下适合生长的牧草各不相同，可是如今人们为了修复退化草地而种植的牧草，基本上都是种子已经可以批量生产的那少数几种植物（比如披碱草和老芒麦），这可能是草原恢复难以达到预期效果的原因之一。

湿地和牧草

除了高寒草原和草甸之外，在青藏高原广阔的沼泽湿地中也生长着丰富的牧草。现代科学通常将湿地划分为河流型、湖泊型、沼泽型、滨海型、人工型五大类，而在藏族传统文化中，湿地至少可以分为六种："秀曲""切乌""纳丹木""纳雄""琼木""那磊"。

"秀曲"指的是狭长形的流动的活水，即通常所说的河流。流得快、声响大的是男性的水，反之为女性的水。

"切乌"是通常所说的湖泊，可能会有像菹草和水毛茛之类的沉水植物生长其中。

"纳丹木"的上层是薄薄的一层水，水面泛银光，下层是泥土。这种湿地上除了杉叶藻、沿沟草和水毛茛等水生植物外，几乎不生长其他任何植物。

△ 图 7-6 青藏高原的湿地

"纳雄"湿地的物种丰富，代表性植物有矮地榆、管状长花马先蒿、三裂碱毛茛、海韭菜等。生长在这种湿地的牧草种类很多，将牛犊和羊羔放在这种地方吃草，有助其生长发育，不过这里也会有各种家畜疾病的病原体，所以牛羊不能放太久。过去如果当年生的牧草没有吃完，人们就会放火把草烧掉，其中一个原因便是为了防止家畜得病。

"琼木"即人们平常所说的沼泽地，这是一种会上下波动的湿地，其外观与"纳雄"相似。牛羊可以随意在"纳雄"上面走动，但是如果它们进入"琼木"，很容易就会深陷其中，再也出不来。一般面积较大的"纳雄"中间都会有小块的"琼木"，除了鸟类以外其他大型动物一般都难以接近，这种地方是黑颈鹤喜欢的繁殖栖息地。随着气候变化导致湿地干涸，如今很多地方的"琼木"都已经消失了。

大多数湿地都很平坦，而"那磊"的地形却是倾斜的。如果哪户牧民家的上游有"那磊"，那么他们家草场上的牧草就会长得很好。"那磊"湿地里没有病虫，这里的牧草比其他地方的牧草长得早，枯黄得晚。这里的雪也比其他地方化得快，在这种湿地还可以找到泥炭，它们具有重要的固碳功能。前面提到的被称为"那杂"的一类牧草就主要长在这种湿地。

草地退化

草地退化被认为是青藏高原生态系统面临的最严峻的问题之一，也是自 21 世纪初以来国家实施的一系列生态保护和建设工程着力解决的最关键的问题之一。不同退化阶段的草原上生长的优势植物各不相同。在青藏高原的很多地方，狼毒、甘肃马先蒿、四川马先蒿是草地开始退化的标志性植物，一旦长出来了狼毒，说明土已经逐渐干了、硬化了。重度退化的草地上长出来的植物，主要有臭蒿、褐苞

▶ 图 7-7
甘肃马先蒿和四川马先蒿

蒿、微孔草、小藜、平卧藜、柔毛蓼、西伯利亚蓼、密花香薷、露蕊　　　△ 图7-8　独一味
乌头等。

　　在完全退化的黑土滩上可能会生长独一味和萎软紫菀。这些植物
并不是造成草原退化的原因，而是草原退化过程中植被演替的结果。
某种意义上，这些植物对于退化草地也是有一定好处的。类似柔毛蓼
和独一味这样的植物，它们可以把土壤覆盖住，防止土被太阳晒干或
者被风吹走，从而保持土壤水分。不仅如此，因为这些植物大多是一
年生的，每年当它们凋谢枯黄后就成了土壤的肥料。

　　实际上，草原退化是从人类和家畜的角度而言的。人们不喜欢黑
土滩，因为这种地方不能放牧，但是从其他动物的角度来看，黑土滩
的出现为它们创造了适合生存的环境。假如人类为了自身利益，将所
有退化草地修复成人类和家畜理想的牧场，那么喜欢退化草地的白腰
雪雀和鼠兔又该到哪里生存呢？

△ 图 7-9　白腰雪雀和高原鼠兔

第八章
高原明星植物

　　青藏高原拥有丰富的野生植物物种，尤其是在喜马拉雅和横断山脉地区，这里不仅是全球生物多样性的热点地区，也是我国特有植物最丰富的地区之一。这些高原特有植物主要来自菊科、毛茛科、列当科、杜鹃花科和报春花科等，其中马先蒿属、杜鹃花属、紫堇属、报春花属、虎耳草属、风毛菊属和翠雀属在青藏高原的特有种数均超过100种。[1] 不少特有植物在雪域高原的传统文化中扮演着重要的角色，其形象时常出现在诗歌、散文、故事、音乐等文艺作品中。

格桑花

　　格桑花，即格桑梅朵，藏语直译即"好时光花"或"盛世之花"。在藏族历史上其实很少有格桑花的说法，直到最近这几十年人们才经常提到这个名字。历史上的藏族诗人确实曾经在诗歌中提到过格桑花，但他们并没有具体指哪一种花。每年夏天从内地来到青藏高原的很多游客都特别希望亲眼见到格桑花，所以他们经常就会向当地

1　于海彬、张镱锂、刘林山等：《青藏高原特有种子植物区系特征及多样性分布格局》，《生物多样性》，2018年。

Δ 图 8-1 黄花昌都点地梅

▽ 图 8-2 翠菊

人询问哪里可以看到格桑花，然而，当地人也不知道格桑花究竟是哪种花，只是为了满足游客的需求，他们有时就会指着草原上随便一种漂亮的花朵，告诉游客那就是格桑花。其实，藏族人自己也说不清楚格桑花到底是何种花。

有人认为格桑花是四川甘孜和理塘地区常见的一种点地梅，学名叫作黄花昌都点地梅。据说，原本此地并不生长这种花，直到第六世达赖喇嘛仓央嘉措的转世——也就是第七世达赖喇嘛格桑加措降生在理塘，在这之后附近才长出来这种点地梅，因此人们就把这种花叫作格桑花。也有人说格桑花是西藏地区常见的一种栽培植物，中文名叫翠菊，藏语叫"洛尼梅朵"，意思是两年花，这是因为这种花今年种下要等到第二年才会开花。翠菊的花瓣有蓝紫、浅白、浅黄等多种颜色，很多寺院都会用这种五彩缤纷的花来供佛。

第三种说法认为格桑花其实是青藏高原牧区特别常见的一种黄色的小花，中文学名叫作毛茛状金莲花，藏语叫"梅朵色千"。

金莲花

毛茛状金莲花的藏语名叫"梅朵色千"，这可能是每一位藏族人最早认识的一种花。如果夏天来到青藏高原旅行，你或许能在道路两侧的草地上看到一片绚烂的金黄色花海，那极有可能就是金莲花。金莲花的花期只有两到三个月，到了八月底几乎就都凋谢了。据说，过去的有钱人家会在夏天采集许多金莲花，用新鲜酥油把

△ 图 8-3　毛茛状金莲花

花朵整个包裹起来，中间不留一丝空隙。等到冬天快过年的时候，再把花从酥油中取出来，这时花的颜色一点都没变，只是花瓣稍稍被压扁了一点，只要把花放到温水里浸泡，水中加点碱粉，很快花朵上的油就都化开了，再放到清水里稍微浸泡，花瓣就会渐渐舒展开来，恢复原来的样子。经过这种处理的金莲花就像是刚刚绽放的鲜花一样，是冬天最适合用来赠送上师的贵重礼物。金莲花也叫"母牛产奶花"，因为当它们开放的时候，母牛的产奶量开始变多，而且牛奶的脂肪含量高，做出来的酥油金灿灿的，质量上佳。金莲花绽放的季节，碧绿的草原上遍布五彩斑斓的花朵，万物生长，气候宜人，这是一年中最幸福的时光。

冈拉梅朵

冈拉梅朵是文艺作品中经常提到的一种代表圣洁吉祥的雪莲花，学名叫水母雪兔子，是菊科风毛菊属的多年生草本植物。它们主要分布在海拔 4500 米以上的砾石山坡或流石滩，这种地方不仅土壤贫瘠，而且温度低、紫外线强，生长在这里的植物往往要历经多年才能开花散播种子。藏族人很喜欢冈拉梅朵，将它视为不怕辛苦的象征。也有人说冈拉梅朵是山神最钟爱的神圣之花。因为民间传说和童话故事中经常提到冈拉梅朵，所以藏族人从小就知道这种花。水母雪兔子的藏语也叫"夏古素巴"，意思是兀鹫的脚。二三十年前，在青海果洛海拔 4300 米左右的地方还可以找到水母雪兔子，如今这种植物的分布海拔越来越高了，而且数量也比以前少多了，这些变化可能与全球气候变暖有关。在中国国家林业和草原局、农业农村部于 2020 年 9 月正式颁布的《国家重点保护野生植物名录》中，水母雪兔子被列为国家二级重点保护植物。

△ 图8-4 水母雪兔子

绿绒蒿

　　若要说雪域高原上最令人魂牵梦萦的高山花卉，妩媚神秘的绿绒蒿肯定是众望所归。这种罂粟科的植物在全世界共有49种，而在我国境内就有38种，主要集中分布于海拔3000米以上的高原地区。在藏医典籍中，绿绒蒿被称为"俄巴拉"，"俄巴拉"是梵语音译，意思是睡莲。

　　在所有绿绒蒿中，五脉绿绒蒿和总状绿绒蒿的药用价值最高，不过它们的生长范围狭窄，数量稀少。民间把五脉绿绒蒿叫作"给达"，"给"指的是藏原羚的小崽，"达"的意思是出生或发展，五脉绿绒蒿开放的时期正好也是藏原羚出生的时候。总状绿绒蒿经常被比

▲ 图 8-5　红花绿绒蒿

△ 图8-6　五脉绿绒蒿

△ 图8-7　总状绿绒蒿

△ 图 8-8　久治绿绒蒿

△ 图 8-9　全缘叶绿绒蒿

青藏高原的植物

喻成有钱人家的千金小姐，因为其茎很高，上部着生蓝色花朵，就像亭亭玉立的女子一头乌黑的头发上悬挂很多珍贵的蓝绿色松石。红花绿绒蒿是年轻女子的象征，它的颜色恰恰正是传统上年轻女子喜欢系在身后的长腰带的颜色。红花绿绒蒿也叫"西达"，"西"指的是小鹿，这种花开放的时候正好也是小鹿出生之时。久治绿绒蒿仅在青海果洛州久治县的年保玉则及其周边地区才有发现，数量十分稀少，硕大的蓝紫色花瓣非常引人注目。这种花有时候会被错认为五脉绿绒蒿而遭到误采，现已经被列为国家二级重点保护植物，当地的民间环保组织也正在对这个物种进行保护。黄色的全缘叶绿绒蒿是吉祥和财富的象征，也是米玛隐喜欢的居所。老人们经常告诉小孩，每一朵全缘叶绿绒蒿上都住着一位米玛隐，不能打扰到它们。好奇的小朋友每次看到全缘叶绿绒蒿，就会过去轻轻把花瓣打开，想要看看里面是不是真的有米玛隐正在睡觉。

第九章
花儿的孩子

位于青藏高原东缘、地处长江与黄河分水岭的巴颜喀拉山脉的最高峰，拥有长年不化的冰雪、锯齿般的岩峰和神秘的雪豹，这个众神聚居的圣地还有一个令人神往的名字——年保玉则。2007 年冬天，在当地政府和群众的支持下，年保玉则山脚下的僧人与牧民们自发成立了一个草根环保组织：年保玉则生态环境保护协会。出于对家乡的热爱以及对社会与生态变迁的担忧，协会带领当地老百姓持续记录、

▼ 图 9-1　盛夏的年保玉则

△ 图 9-2　繁花似锦的年保玉则

监测年保玉则的生物多样性，发起社区保护小组与保护小区守护藏鹀、雪豹、黑颈鹤、久治绿绒蒿等濒危物种，面向牧民、青少年和游客进行有针对性的自然教育，培养民间纪录片导演与生态文化导游，并与科学家和藏传佛教寺院合作开展生态保护的对话。

　　在佛法影响深远的雪域高原，人们自发的保护行动是建立在慈悲心和生命平等的基础之上的。所有生命都希望离苦得乐，这是老百姓源于上千年文化的共识。然而，随着社会变迁，信仰的力量、神山圣湖的生态伦理观念逐渐消逝。高原牧区的孩子从小寄宿学校读书，只有寒暑假才能回家，他们不再成长于广阔的天地下，也缺少从老一辈传承传统知识的机会。城镇化的进程更是拉大了人与自然的距离。年青一代与家乡的文化、山水、野生动植物之间渐渐有了隔阂。

▲ 图 9-3　传承本土生态知识

▲ 图 9-4　孩子们虔诚地祈祷花神赐花

△ 图 9-5　花儿的孩子们在山间寻找与自己结缘的野花

每年盛夏繁花竞相开放之时，年保玉则生态环境保护协会就会带领数十名当地小学的孩子们回到家乡的草原上。孩子们共同咏诵经文，祈请花神为他们赐花，得到赐予的孩子每人会获得一张卡片，上面有这种花的名字和图片。接下来，孩子们便会在山间寻找自己的花，并在这个过程中，学习各种植物的名字与传说故事。从此，高原植物与高原孩子之间，建立起了一种美妙的关系，而保护的理念也在悄然间撒下了种子。如果孩子们当时找不到自己的花，学校老师、家人常常就会利用假期带着孩子一起去找，这种对自然的好奇心渐渐辐射到他们身边的大人。

协会相信，了解带来关心，关心萌生行动。这个叫作"花儿的孩子"的活动，希望重建人与大自然的认知和情感联结。参与过这类活动的一些年轻人，有的已经加入"久治绿绒蒿保护小组"，开始他们的保护行动了。

为何将这个活动叫作"花儿的孩子"呢？在这个世界上到底谁才是主人，谁才是客人？在藏族人的理念里，地球、大自然、环境就像是个宾馆，所有的生命都是客人。宾馆和客人，孰先孰后？有了宾馆，才有客人；有了花儿，才有孩子。没有美好的自然环境，人类将无法生存。但是，保护自然环境不应该只是为了人类，而也是为了世界上所有的有情众生都能幸福快乐。我们每一个人都有能力，也有责任去帮助其他的生命。因此，自然保护不仅仅是一项义务，更是一场世间的修行。

我们每个人都是花儿的孩子。

▲ 图9-6　久治绿绒蒿保护小组

图 9-7　花儿的孩子们

附录：
植物学名的拉丁文、汉文和藏文对照表

拉丁文	汉文	藏文
Aconitum gymnandrum	露蕊乌头	འཛིན་པ་རྩ་རྒྱལ།
Aconitum tanguticum	甘青乌头	ཤུང་བ་དཀར་པོ།
Agaricus campestris	白蘑菇	ཤེའུ་དཀར།
Agaricus pratensis	草地蘑菇	ཤེའུ་སེར།
Ajania tenuifolia	细叶亚菊	འབའ་ཆུང་གསེར་མགོ།
Allium fistulosum	葱	ཙོང་།
Allium sativum	蒜	སྒོག་པ།
Allium tuberosum	韭	རེའུ།
Anaphalis lactea	乳白香青	གཙོ་བླ་དཀྱི་ལོན་དཀར་པོ།
Anemone rivularis	草玉梅	སྤུབ་ཀ།
Anisodus tanguticus	山莨菪	ཐང་ཕྲོམ་ནག་པོ།
Artemisia dracunculus	龙蒿	ཚེར་བོང་ཆེན་པོ།
Artemisia hedinii	臭蒿	ཟབ་ཚེ་ནག་པོ།
Artemisia phaeolepis	褐苞蒿	དགའ་ཤྭན་མཁར་པ།
Astragalus spp.	黄耆	ཤུང་ཤད།
Astragalus yunnanensis	云南黄耆	ཤད་སེར།
Avena sativa	燕麦	ཡུག་པོ།
Batrachium bungei	水毛茛	ཆུ་ཟབ་ཁ།
Betula albosinensis	红桦	སྟག་དམར།
Betula platyphylla	白桦	སྟག་རྒྱ།
Boletus	牛肝菌	དྲེ་གྲོད་རྟོ་སྒྲོང་མཆིན་པ།

拉丁文	汉文	藏文
Brassica rapa	蔓菁	ཞུངས་མ།
Callitriche palustris	沼生水马齿	ཆུ་བ་དུ་གསོ།
Camellia sinensis	茶	ཇ།
Cardamine tangutorum	紫花碎米荠	ཆུ་ཚག་པ། ཆུ་ཚག་སྲུལ་ལག།
Carum carvi	葛缕子	གོ་སྙོད།
Caryacathayensis	山核桃	སྟར་ག
Caryopteris incana	兰香草	ཐུར་ན།
Chenopodium ficifolium	小藜	སྣེའུ་སྒོ།
Chenopodium karoi	平卧藜	ལྕམ་སྒེ
Cirsium souliei	葵花大蓟	སྤྱང་ཚེར་ནག་པོ།
Coluria longifolia	无尾果	ཨོ་ཆུན་གཅེར་ཞ།
Corydalis curviflora	曲花紫堇	གཡུ་འབྲུག་ཟིལ་བ།
Corydalis dasyptera	叠裂黄堇	ཆུ་དུག
Corydalis linarioides	条裂黄堇	ཆུ་སྣག་ཟིལ་བ།
Corydalis scaberula	粗糙黄堇	སེང་གི་ཟིལ་བ།
Corydalis shensiana	陕西紫堇	ཙ་གུ་ཟིལ་བ།
Crocus sativus	藏红花	ཁ་ཆེ་གུར་གུམ།
Delphinium brunonianum	囊距翠雀花	བྱ་རྒོད་སྤོས།
Draba nemorosa	葶苈	ཁྱིའུ་ལ་བ།
Dracocephalum bullatum	皱叶毛建草	ཕྱི་ཡང་མ་གི་ཏི།
Elsholtzia densa	密花香薷	ཁྱི་ཚག་ནག་པོ།
Euonymus sanguineus	石枣子	གུ་ཞིང་།
Fritillaria unibracteata	暗紫贝母	ཨའུ་ཧྥེ
Galium trifidum	小叶猪殃殃	ཟངས་ཚེ་སྔོན་ཆུང་།
Gentiana ninglangensis	宁蒗龙胆	སྟོན་ནམ་འབྲུ།
Gentiana urnula	乌奴龙胆	གང་ག་ཆུང་།
Glaux maritima	海乳草	སྲམ་ནུ།
Glycyrrhiza uralensis	甘草	ཞིན་མངར།
Gymnadenia conopsea	手参	དབང་ལག
Halerpestes tricuspis	三裂碱毛茛	གསེར་མྱེས་པ།
Hippophae thibetana	西藏沙棘	ས་སྟར།
Hordeum vulgare	大麦	སོ་བ།
Hordeum vulgare var. coeleste	青稞	ནས།

附录：植物学名的拉丁文、汉文和藏文对照表

拉丁文	汉文	藏文
Hordeum vulgare var. trifurcatum	藏青稞	བོད་སྒོ།
Iris goniocarpa	锐果鸢尾	གྲེས་མའི་མེ་ཏོག །ཕྱུག་གྲེས་མ།
Juniperus convallium	密枝圆柏	སྤོས་ཤུག །
Juniperus tibetica	大果圆柏	ཤུག་པ་ཚོག་ཉེན།
Lamiophlomis rotata	独一味	དྭ་ལྔ་གས་པ།
Leontopodium leontopodioides	火绒草	སྤྲ་ཚོག །
Lepidium apetalum	独行菜	ཁབ་ཚོག་པ།
Lepyrodiclis holosteoides	薄蒴草	ཙོས་ཁབས་དཀར་མོ།
Ligularia purdomii	褐毛橐吾	ཧོ་ལྕུམ།
Lloydia ixiolirioides	紫斑洼瓣花	ཨ་ལྷ་དཀར་པོ།
Malus toringoides	变叶海棠	པད་མའི་ཁྲ།
Malus transitoria	花叶海棠	ཏོ་ནེ།
Malva verticillata	野葵	ལྕམ་ཕྲུམ།
Meconopsis barbiseta	久治绿绒蒿	གཡུ་རྩེའི་ཤུག་ཁྲ།
Meconopsis georgei	黄花绿绒蒿	ཨུཔལ་སེར་རིང་།
Meconopsis integrifolia	全缘叶绿绒蒿	ཨུཔལ་སེར་པོ།
Meconopsis punicea	红花绿绒蒿	ཨུཔལ་དམར་པོ།
Meconopsis quintuplinervia	五脉绿绒蒿	ཨུཔལ་སྔོན་པོ།
Meconopsis racemosa	总状绿绒蒿	ཨ་ཁྱུང་ཚོར་སྔོན།
Medicago archiducis-nicolai	青海苜蓿	མཚོ་སྟོན་འབུ་ནང་དཀར།
Megacarpaea delavayi	高河菜	ཁམས་གཙང་ཚོད་སྤོས།
Microula sikkimensis	微孔草	ནད་མ་སྐྱུག་མ།
Morchella esculenta	羊肚菌	ཞ་ཕྲུག་ཉ་མོ།
Myricaria germanica	水柏枝	འོམ་བུ།
Myricaria prostrata	匍匐水柏枝	འོམ་ལེབ།
Myricaria squamosa	具鳞水柏枝	ཅུ་འོམ་བུ།
Nardostachys jatamansi	匙叶甘松	སྤང་སྤོས།
Ophiocordyceps sinensis	冬虫夏草	དབྱར་རྩྭ་དགུན་འབུ།
Oxytropis falcata	镰荚棘豆	སྤྱ་ཁ་ཚོན་པོ།
Paraquilegia microphylla	拟耧斗菜	ཡུ་མོ་མདེའུ་འབྲིག །
Pedicularis kansuensis	甘肃马先蒿	འཇིབ་རྩི་སྐྱ་པོ།
Pedicularis longiflora Rudolph var. tubiformis	管状长花马先蒿	ལུག་ན་སེར་པོ།
Pedicularis szetschuanica	四川马先蒿	འཇིབ་རྩི་དམར་སྐྱང་།

拉丁文	汉文	藏文
Phlomis younghusbandii	螃蟹甲	ལུག་རུབ།
Phoenix dactylifera	海枣	འབྲས་བོ། རྒྱ་གར་ཤེལ་ཏོག།
Picealikiangensis var. rubescens	川西云杉	ཁྲིན་ཞུབ་སྤྲིན་གསོམ།
Piceapurpurea	紫果云杉	སྤྲིན་གསོམ་འབྲས་སྨུག།
Polygonum divaricatum	叉分蓼	སྲུ་བོ།
Polygonum sibiricum	西伯利亚蓼	ཚི་ཚིས་འཛིན།
Polygonum sparsipilosum	柔毛蓼	ལྕུམ་མ།
Polygonum viviparum	珠芽蓼	རམ་ཚོད།
Populus L.	杨树	ལྕང་མ།
potamogeton crispus	菹草	ཆུ་སྤྱར།
Potentilla anserina	蕨麻	གྲོ་མ།
Potentilla fruticosa	金露梅	སྤེན་ནག	
Potentilla glabra	银露梅	སྤེན་དཀར།
Primula fasciculata	束花粉报春	གཡར་མོ་ཐང་བ།
Ranunculus tanguticus	高原毛茛	ཉེ་ཚོ་མོ།
Raphanus sativus	萝卜	ལ་ཕུག	
Rheum palmatum	掌叶大黄	ཇུ་ལྕུམ།
Rheum pumilum	小大黄	ཆུ་ཚི།
Rheum tanguticum	鸡爪大黄	ལྕུམ་ནག
Rhodiola crenulata	大花红景天	སྲོ་ལོ་དམར་པོ།
Rhodiola himalensis	喜马红景天	གནས་ཚལ།
Rhodiola kirilowii	狭叶红景天	སྤང་ཚལ།
Rhodiola smithii	异鳞红景天	ཚལ་ཅུང་བ།
Rhodiola tangutica	唐古红景天	གཡར་ཚལ།
Rhododendron fastigiatum	密枝杜鹃	སུར་རྒྱབ།
Rhododendron flavoflorum	淡黄杜鹃	སུར་སེར།
Rhododendron intricatum	隐蕊杜鹃	སུར་ནག་མེའུ་སྐྱུང་།
Rhododendron nivale	雪层杜鹃	སུར་ནག
Rhododendron primuliflorum	樱草杜鹃	སུར་དཀར།
Rhododendron przewalskii	陇蜀杜鹃	ལྔག་མ། ལྕུམ་མ་དཀར་པོ།
Rorippa barbareifolia	山芥叶蔊菜	སྐེ་ཚེ།
Salix lindleyana	青藏垫柳	ལྕང་ཞིབ། མཚོ་བོད་ལྕང་ཞིབ།
Salix oritrepha	山生柳	ལྕང་མ། ལྕང་ནག

附录：植物学名的拉丁文、汉文和藏文对照表

拉丁文	汉文	藏文
Salix oritrepha var. amnematchinensis	青山生柳	སྐྱང་དཀརམ།
Sanguisorba filiformis	矮地榆	ན་ཚར།
Saussurea malitiosa	尖头风毛菊	སྤུས་མཁྲིས་མགོ་མང་།
Saussurea medusa	水母雪兔子	ཐ་མོད་ཤུག་པ་པ་གནས་ལྡ་མེ་ཏོག།
Saussurea obvallata	苞叶雪莲	གཟའ་དུག་མགོ་དག།
Saussurea przewalskii	弯齿风毛菊	ཀོན་པ་མཁྲིས་པོ།
Saussurea stella	星状雪兔子	ཁྱུར་སྲེར་སྐྱག་པོ།
Saussurea tibetica	西藏风毛菊	རྩ་མཁྲིས།
Saussurea woodiana	牛耳风毛菊	ཀོན་པ་ཅིང་ཀ་ར།
Saxifraga melanocentra	黑蕊虎耳草	གན་དཀརམ།
Saxifraga nigroglandulifera	垂头虎耳草	གསེར་ཏིག།
Saxifraga spp.	虎耳草	སུམ་ཏིག།
Sibiraea laevigata	鲜卑花	༈་ཐྲག།
Sinopodophyllum hexandrum	桃儿七	འོལ་མོ་སེ།
Soroseris erysimoides	空桶参	སྦྲལ་གོང་པ།
Stellera chamaejasme	狼毒	རེ་ལྕག་པ།
Synotis solidaginea	川西合耳菊	ཡུ་གུ་ཞིང་དཀར་པོ།
Tamarix austromongolica	甘蒙柽柳	བཙན་ཤིང་ཀྱུ་ཏུ།
Tanacetum tatsienense	川西小黄菊	གཟེར་འཛོམས།
Taraxacum mongolicum	蒲公英	ཁུར་མོང་སེར་པོ།
Thlaspi arvense	菥蓂	ཐི་ག།
Tricholoma matsutake	松茸	ཤེ་ཤ།
Triglochin maritima	海韭菜	ན་རམ།
Triticum aestivum	普通小麦	གྲོ།
Trollius ranunculoides	毛茛状金莲花	མེ་ཏོག་སེར་ཆེན།
Turritis glabra	旗杆芥	ཀོཀོ་ལ་ཕུག །
Urtica hyperborea	高原荨麻	ཟ་ཕྱི་ལ་ཡ།
Veronica eriogyne	毛果婆婆纳	སྤུས་ནག་དོ་མཁྲིས་དོ་སྐྱུ་མུ་འབས་མ།
Veronica rockii	光果婆婆纳	སྤུས་ནག་དོ་མཁྲིས་དོ་སྐྱུ་མུ་འབས་མ།
Zanthoxylum bungeanum	花椒	གཡེར་མ།
Zea mays	玉米	ཨ་ཤོམ།
Ziziphus jujuba	红枣	རྒྱ་ཤུག།